情绪与心理学

有效管理情绪8法

QINGXU YU XINLIXUE

YOUXIAO GUANLI QINGXU BAFA

和力 ◎ 著

中华工商联合出版社

图书在版编目（CIP）数据

情绪与心理学／和力著．-- 北京：中华工商联合
出版社，2018.11
ISBN 978 - 7 - 5158 - 2432 - 1

Ⅰ.①情… Ⅱ.①和… Ⅲ.①情绪–心理学–通俗读
物 Ⅳ.①B842.6-49

中国版本图书馆 CIP 数据核字（2018）第 240946 号

情绪与心理学

作　　者：和　力
责任编辑：吕　莺　董　婧
封面设计：张　涛
责任审读：李　征
责任印制：迈致红
出版发行：中华工商联合出版社有限责任公司
印　　刷：河北鸿祥信彩印刷有限公司
版　　次：2019 年 3 月第 1 版
印　　次：2019 年 3 月第 1 次印刷　2022 年 4 月第 2 次印刷
开　　本：710mm×1000mm　1/16
字　　数：297 千字
印　　张：16.5
书　　号：ISBN 978 - 7 - 5158 - 2432 - 1
定　　价：45.00 元

服务热线：010 - 58301130
销售热线：010 - 58302813
地址邮编：北京市西城区西环广场 A 座
　　　　　19 - 20 层，100044
http：//www.chgslcbs.cn
E-mail：cicap1202@ sina.com（营销中心）
E-mail：gslzbs@ sina.com（总编室）

目　录

第七章　与人避让少恩怨

第八章　修炼心态成大器

第一章

情绪决定心态

调控情绪

现实中，人们常常有这样的现象：有时候本来挺高兴，却突然会被某些事情搞得要么情绪低落，要么七窍生烟，要么闷生闲气，要么暴跳如雷。这是为什么呢？是因为内心不痛快而导致消极情绪和负面态度的产生，使人从"无气"变成了"有气"，导致人的情绪从平和转向失控。

情绪是什么？

情绪是身体对外部刺激发生的反应，这种反应既体现在心理上，也体现在外在的行为上，包括喜、怒、哀、乐等行为。一个人行为上发生的反应越强，或身体动作上表现得越强，就说明其情绪越强，如喜会表现为手舞足蹈、怒会表现为咬牙切齿、忧会表现为茶饭不思、悲会表现为痛心疾首等等，这就是情绪在身体动作和行为上的反应。

生活是一首歌，有着多彩的和弦和跌宕起伏的旋律；生活是一道风景，有着不同的景观和美丽的底蕴；生活是一份心境，既简单又快乐、既复杂又纯净。人们不断地感受着生活的瞬间，体会着生活的各种滋味。

人生在世，风风雨雨，沟沟坎坎，苦辣酸甜都可能遇到，而一个人如果没有面对人生良好的心态，就无法掌控自己的情绪，不能始终以积极的姿态面对人生。

某天，小兰和卉子在快餐店吃东西，两个人嘻嘻哈哈的很开心，后来小兰想再要些甜点就去了柜台，而卉子也因为一点小事离开了座位，不过她们的包都还在座位上。谁知就一转眼的工夫，桌上那些还没怎么吃的东西就被服务员收走了。两人回来后非常生气，原本的好心情瞬间被破坏了，她们叫来服务员和他"理论"，好姐妹相见时的美好心情全都没有了，只剩下对服务员的不满和厌恶。

这是典型的因为一件小事坏了心情、不能控制自己的情绪的例子。

生活中，每个人多多少少都会对现实有不满，只是有的人心胸开阔，有的人心胸狭窄；有的人看问题时从大局着眼，有的人看问题时只从自己的利益出发。很多人之所以能做到情绪平和，除了个人的修养、知识、性格之外，更多的是靠自制力来控制自己的情绪，因为不好的情绪、消极的情绪会使人精神萎靡、产生不满和抱怨，如果人在生活和工作中始终处于负面情绪之中，做什么都不会有好结果。

朱利安的母亲每天从早上起床就开始抱怨，一会儿说生活难过，一会儿埋怨朱利安的爸爸窝囊、挣钱少，一会儿又说朱利安的弟弟整天乱花钱，还总是说朱利安动作慢。于是每天还没等吃早饭，朱利安妈妈的抱怨声就已经充满家里所有的房间了。而被责怪的朱利安和他的父亲、弟弟全都没了好心情，只想尽快离开家。

抱怨是负面情绪的一种，是一种令人反感的坏情绪，人无论在生活中还是工作中，如果总是充满抱怨，不仅会影响自己的情绪，也会将他人的情绪引向负面。

相反，有时候人们的坏情绪会因为他人的好情绪而改变，一扫心中阴霾。

小梅的老公在外企工作，有一段时间，老公为了赶一项任务总是加班，每天回到家都疲惫不堪，情绪低落。小梅看着老公无力地靠在沙发上，很是心疼。后来小梅每天都给老公炖滋补的汤，晚上老公一回来就满脸笑容地端给他喝。老公看着老婆那么贴心，脸上也绽出了幸福的笑。

小梅的老公工作很累，心情不好，可是一旦被幸福、快乐围绕，所有的不快都会烟消云散。因此，幸福是积极向上、令人快乐的情感，在人觉得疲惫或情绪低落时，它能将人引向快乐的一面。

人都有情绪低落、心情不好的时候，这时要及时排遣心中的不快，否则人总是陷在坏情绪中，心情就会更加不好，生活也会受到影响。

罗勃·摩尔是一艘美国潜艇上的瞭望员。有一天清晨，他从潜望镜中看到远处的一支敌舰正向自己的舰艇逼近。之后，自己的潜艇被逼到水下83米深处。此时生死难卜，摩尔不断地反问自己："难道我的死期就这样来临了吗？"在一片死寂中，摩尔回想起自己在平日生活中的一切——为买不起房子发愁、为一些生活琐事和妻子争吵、为孩子的调皮生气、为工作钱少恨不能与老板吵架等等。而现在面对死亡的威胁，摩尔发现以往的一切烦恼都不算什么，过去的回忆现在想来如此珍贵。15个小时之后，潜艇又重新浮上了水面，敌舰已经远去。经历了这次生死考验之后，摩尔变得更加热爱生命，懂得了如何和谐地与他人相处。他说："相对于生命来说，世界上任何的烦恼与忧愁都不算什么。"

每个人都难免会有情绪低落的时候，这是一个人正常的心理反应，但"用情"过度就会伤及身心健康。很少有人生来就能控制住自己的情绪，这种能力需要在生活中磨炼、学习，人要学会去适应环境、调节心情，在情绪冲动时采取"缓兵之计"，让自己冷静下来，理性地分析事情的前因后果，然后再采取行动，尽量避免因情绪冲动而产生"情绪史华兹效应"。

所谓的"情绪史华兹效应"，是指所有的坏事情只有在人们认为它是不好的时候才会成为真正不幸的事情，所以人在面对不幸时要尽快调整心态，转换思路，这样才能摆脱消极情绪，从表面的不幸中看到背后蕴藏的希望。换句话说，心态决定人的心情，人有了阳光的心态，才能拥有美好的人生。

中国古人早有转换思路看问题的智慧。老子曰："祸兮福所倚，福兮祸所伏。"福祸是相互依存的，因此，人要始终保持积极乐观的心态，对生活中的一切境遇淡然处之，心情不要随着眼前的得失或者事情的好坏而波动。因为坏事情也可能转化成好的局面，好事情也可能转化成坏的局面。世人都在追求所谓的顺境和好运，殊不知，有些表面上的"坏"和"厄运"如果能够正确对待，也可以有好的结局。"塞翁失马"的故事想必大家都不陌生，故事中的塞翁就是一个善于转换思路，能保持情绪平和，充满人生智慧的老人。

战国时期，北部边城住着一个老人，名叫塞翁，他养了一匹马。有一天，他的马忽然走失了。邻居们听说了这件事，都跑来安慰他，劝他不必太着急，说他年龄大了，要多注意身体。塞翁

第一章　情绪决定心态

♣

7

听了大家的劝慰，笑了笑说："我只是丢了一匹马，损失不大，况且这件事没准还会带来什么福气呢。"邻居们听了塞翁的话，心里觉得很好笑：马丢了，明明是件坏事，他却认为也许是好事，这显然是自我安慰而已。过了几天，塞翁丢失的马不仅自动返回家，还带回一匹匈奴的骏马。邻居们听说了这件事，对塞翁的预见能力非常佩服，向塞翁道贺说："还是您有远见，您的马不仅没有丢，还带回一匹好马，真是福气呀。"塞翁听了邻人的祝贺，反而一点高兴的样子都没有，他忧虑地说："我白白得了一匹好马，这不一定是什么福气，也许会惹出什么麻烦来。"邻居们以为这是他故作姿态，心里明明高兴，却有意不说出来。

塞翁有个独生子，非常喜欢骑马。他发现被带回来的那匹马英姿勃勃，身长蹄大，嘶鸣嘹亮，剽悍神骏，一看就知道是匹好马。于是他每天都骑着这匹马出游，心中洋洋得意。一天，他高兴得有些过头，打马飞奔，一个趔趄，从马背上跌下来，摔断了腿。邻居们听说此事，纷纷跑来慰问。塞翁说："没什么，我儿子虽然摔断了腿却保住了性命，这或许是福气呢。"邻居们觉得塞翁又没说实话。他们想不出，摔断腿会带来什么福气。不久之后，匈奴军队大举入侵，青年人被征召入伍，塞翁的儿子因为摔断了腿，不能去当兵。入伍的青年都战死了，唯有塞翁的儿子保全了性命。

塞翁是一个很会调整情绪的人，他能正确处理得与失的关系，遇到好事时不得意忘形，遇到坏事时也不一蹶不振。然而在日常生活中，并不是所有人都能做到这么明智。有些人会在情绪冲动时失去理智，比如，当与他人发生冲突时，他们会立刻反唇相讥，与对方发生争执，最终不欢而散，这种做法会彼此伤了和气，而当他们事后冷静下来，又常常后悔不已。因此，学会调控自己的情绪是非常重要的，这是一个人走向成熟的标志，也是迈向成功的重要基础。

　　在现实生活中，人们会遇到各种各样的事情，情绪也会随之跌宕起伏。人在面对外界各种影响自己情绪的事情时，要转换思路，调控情绪，多看事物美好的、积极的一面，即使是遇到困难时也要保持乐观的情绪。因为，人如果总是看事物的消极方面，就会产生负面情绪。如果人们任由自己的负面情绪肆意发展，那么这种负面情绪就会变成阻碍人生航程的"暗礁"。所以唯有及时调控情绪、转换思路，才能使生活更加美好，使人际关系更加和谐。

　　生活中善于调控情绪、转换思路的人，不论在什么时候都能让自己的情绪保持平和，因为世界在他们的眼中总是美好而充满希望的。那么，怎样才能调控情绪、转换思路，让自己的情绪保持平和呢？

　　现实是客观存在的，不管你喜不喜欢，都要承认并接受它，这

第一章　情绪决定心态

9

是驾驭自己情绪的第一步。接下来，要认真分析一下自己对现实事物反应的激烈程度，如果此时自己的怒火已被引燃，就要给自己的情绪降温，让头脑冷静下来，让情绪的火焰慢慢熄灭，让理智做出最佳的抉择。

举个最常见的例子：当我们遇到别人对自己说了一些中伤、批评和羞辱的话时，通常要么是火冒三丈，气呼呼地骂回去；要么当时忍气吞声地压下来，然后越想越气，整个人的情绪都大受影响。的确，对于一个普通人而言，在这种情况下控制自己的情绪是很难的。但是对一个善于调控情绪、转换思路的人来说，却可以心平气和地面对逆境，对他人的不逊之言泰然处之。

有一天，一个智者行经一个村庄，一些前去找他的人对他说话很不客气，甚至口出秽言。智者站在那里静静地听着，然后捋须微笑着说："谢谢你们来找我，我正赶路，下一个村的人还在等我，我必须赶过去。不过等明天回来之后我会有较充裕的时间，到时候如果你们还有什么话想告诉我，再一起过来讲给我听，好吗？"

那些人简直不敢相信他们所听到的话，其中一个人问智者："难道你没有听见我们说的话吗？我们把你说得一无是处，你居然没有任何生气的反应！"

智者说："假使你们想要的是我的生气反应，那非常遗憾，我要让你们失望了。我不是情绪的奴隶，我是自己的主人。我要按照自己的原则乐观地生活，而不是让别人的行为左右自己的情绪。"

当一个人不能掌控自己的情绪时，他一定会觉得自己是受害者，认为自己对现状无能为力，于是抱怨、愤怒与反击成为他唯一的选择。但一个能掌控情绪的人则会始终保持平和的心态和冷静的头脑，把握住自己快乐的钥匙，他不会将自己的快乐寄希望于他人，相反，他会把快乐与幸福带给别人。这样的人情绪稳定，与人为善，忍让宽容，以不计较、大度的心态对待与他人的冲突，于人于己都不会带来任何精神压力，这样的人不仅是理智的，也是有胸怀的。

克己制怒

人的坏情绪就像烂苹果中的病菌，它会迅速蔓延，把苹果箱中的其他苹果弄得更烂。"烂苹果"效应的可怕之处是它有着惊人的传染性和破坏力，一个人甚至一群人都可能被它吞没，其危害性不可低估。所以人要克己制怒，不让坏情绪肆意蔓延，不让负面情绪成为"害群之马",既伤害自己又伤害别人。

生活中,当人们发现自己的坏情绪有爆发的苗头时,应该迅速采取有效措施缓解自己的情绪,让自己平静下来,趁那一勺污水没有放进酒中、趁那一个烂苹果没有传染其他苹果之前,把它们及时清理掉,防患于未然。

巴顿是一位举世闻名的美国传奇将军,他作战勇猛顽强,在第二次世界大战中战功显赫,有"血胆老将"之称。但是这位美国的四星上将却生性暴躁,并屡屡因此险些破坏同盟,命悬一线。

第二次世界大战期间,盟军完全占领德国后,为庆祝战胜纳粹而举办了盛大的阅兵式,巴顿将军也参加了这场阅兵式。出于对这位美国名将的钦佩,苏军将领派联络军官和一名翻译来邀请他去喝酒。没想到巴顿居然对军官和翻译愤怒地吼道:"告诉那个俄国狗崽子,因为他们在这里的所作所为,我把他们当成敌人,我宁愿砍掉自己的脑袋,也不会和敌人一起喝酒。"他的话吓坏了翻译,而他却命令翻译一字一句地翻译出来。

当时美国和苏联都是同盟国的主力,罗斯福、斯大林、丘吉尔费尽周折才结成了同盟,而巴顿的冲动行为差点酿成了一起严重的外交事件。由于战争仍在继续,国家还需要这位勇不可当的将军,所以军方暂时没有追究巴顿的责任,不过这件事也为他以后被赶出第三集团军埋下了伏笔。作为一名战功显赫的将军，巴顿本来是前途光明的，但正是他的冲动情绪葬送了他的前程。

生活中，人总是有许多烦心事，像囊中羞涩、与人争执、被人看不起等等，这些会将一个人的心灵搅扰得不得安宁，让人时常处于气愤与委屈交织的烦恼中。

心理学中有一个著名的酒与污水法则：把一勺酒倒进一桶污水中，得到的是一桶污水；把一勺污水倒进一桶酒中，得到的还是一桶污水。显然，污水和酒的比例并不决定这桶东西的性质，真正起决定性作用的是那一勺污水，只要有它在，再多的酒也会成为污水。在现实生活中、工作中，总会有这样的人，他们不能及时控制自己的坏情绪，就像苹果箱里的烂苹果，如果不挑出来，整箱苹果最终都会烂掉。人群中只要有一个人有坏情绪，如果不加以控制，任坏情绪四处蔓延，怒火一触即发，就会把自己和别人烧得遍体鳞伤。

愤怒，是人们对生活中的人或事不满意而引起的负面心态。无论是成人还是孩子，在遇到令自己不满意的事情或者自己的愿望得不到满足时，都会表现出生气甚至愤怒的情绪。"愤怒是魔鬼"，有人曾对愤怒做出这样简单的解释。的确，一个人在生活中如果无法掌控自己的愤怒情绪，不仅会影响他人，还会伤及自己。

负面情绪不仅会影响一个人的声誉、工作以及与朋友和亲人的关系，还会严重影响个人的身心健康和判断力。

人活着是为了什么？有人说是为了快乐，有人说是为了幸福，有人说是为了成功……但肯定没有一个人说人活着是为了生气。

是啊，没有谁喜欢有事儿没事儿就生气，但有一些人却有爱发脾气的坏习惯。有些人等自己冷静下来之后，才发现那些惹得自己大发脾气的事情其实没什么大不了的，不过是当时自己太较真儿了。所以，人在当满腔怒火的时候，一定要记得告诉自己：冷静、冷静、再冷静。如果感觉自己的怒火马上就要爆发，也一定要把这个念头在脑子中多转几圈，适当控制一下自己的情绪。人如果能够在一触即发的关头控制住自己的情绪，事态或许就会有所转机；但如果不加控制而任由情绪像脱了缰的野马四处乱撞，则会惹出大的是非。

小丽在一家酒店上班，有一天男友开车来接下班的小丽。两人坐在车上正商量着去哪里吃晚餐时，却因为停车收费问题与收费员发生了争执。

收费员说话难听，让小丽与男友都很上火，但为了不破坏共进晚餐的好心情，小丽从钱包里掏出5元钱递了过去，想尽快离开。不巧，钱在车子经过收费窗口时落到了地上，收费员仍不放行，坚持要小丽再交 5 元钱。

这样一来，小丽与男友的火气飙升到了极点。男友打开车门，冲出来与收费员扭打了起来，小丽也赶忙跑过去助阵。在推搡的过程中，小丽把收费员推倒在地，收费员的头碰到了桌子。后来在收费站其他人的调解下，收费员才承认自己做得不对，并向小丽他们道了歉。

小丽本以为事情就这样结束了，但出乎她意料的是，一个月后，她却接到了一张法院传票。

原来经检查那个收费员脑部受到碰撞后留下了后遗症，需要一大笔医药费才能治愈。收费员要求小丽及男友赔偿他 40 万元的医药费用，而且以故意伤害罪起诉了小丽。

法院判决小丽及男友犯有故意伤害罪，要支付原告所有医药费用。小丽及男友因为没有控制住自己的情绪，使自己受到了"天降之灾"。

看完这个故事后，不知各位读者有何感受？相信大多数人都会认为，小丽及男友为了区区 5 元钱而把自己陷入如此境地，真是太不值得了。不能克己制怒的人在与他人发生冲突时，往往会受情绪影响而激化矛盾，造成严重的后果。所以，无论何时何地，人都要学会控制情绪。遇到困难时，多一点忍耐；遇到挑衅时，多一点平静；遇到不顺时，多一点坦然。无论什么时候，都要保持一份理智，心态平和的情况，不让一时冲动扼杀了自己的快乐与幸福。

当然，要求自己永远不生气是很难的事，但我们应该努力去尝试。因为，如果改变不了某件事情，最好就改变对这件事情的态度，而不是为此生气甚至大怒，这样是不值得的。

在生活中和工作中，一个人控制情绪的能力会受到种种考验。有些人之所以遭遇失败，往往不是因为能力不够，而是因为不能掌控自己的情绪。当有些人听说一次本该到手的晋升机会被一个同事"抢走"时，可能会暴跳如雷进而又悲观失望，甚至觉得自己的整个职业生涯都没指望了，但实际上，生活还将继续。也许造物主这次关上了幸运之门，但已经悄悄在别处打开了另一扇窗。因此，人不能沉溺于消极情绪，不能任凭不良情绪发展，面对让自己生气、上火的人或事，首先要做的就是以平和的情绪、理智的心态忘掉眼前的不愉快，克己制怒。

克己制怒需要修炼心性的忍耐力，虽然"忍字头上一把刀"，但没有忍，就无法控制情绪，也就没有人际关系的和睦，没有温馨而融洽的感情。

有时候人们之所以不能压抑住心头的怒火，并不是因为一件事情本身让人们愤怒，而是因为人们急躁的心态和不能冷静思考的态度。因此，人如果能做到调整态度、转化思路、调控情绪，考虑问题的方式也会随之而改变，这样才会有比较好的结果。

有这样一个流传至今的故事：

古时候，有甲、乙两个秀才去赶考，他们在路上看见了一口棺材。甲又急又气地说："真倒霉，碰上了棺材，这次考试死定了。"乙却又惊又喜地说："真幸运，'棺材棺材，升官发财'啊，看来我的运气来了，这次一定能考上。"

结果，乙真的考上了，而甲也真的名落孙山了。

二人在学问上本来并无太大差别，最后却得到了完全不同的结果，这与其说是一种偶然，不如说是两人不同的心态导致的结果。可见一个人看待事情的心态会对情绪产生极大的影响，进而影响其行为和结果。所以，"心态控制阀"对于人的工作和生活而言是至关重要的。

有一位学僧向盘珪禅师请教："我天生性子急，曾受师父指责，我也知道必须改正这个缺点，但性子急已经成了习惯，始终没有办法纠正，禅师您能帮帮我吗？"

盘珪禅师非常认真地回答："如果你能把性子急的习气表现出来，我就可以帮你改正。"

学僧说："此时不急，但遇到突发情况会急。"

盘珪禅师微微一笑说："这就说明你的急性子是时有时无，不是习性，更不是天性，只是触境而生、不会控制的结果。父母给你的，只有本心，没有其他的，所以是否控制得了性子，要靠你自己来把握。"

后来，盘珪禅师圆寂后，住在寺院旁的一位盲人对那个学僧说："我虽眼瞎，看不到他人的面孔，但却能从对方说话的声音判断出他的性格。有些人生气的时候语气会带着怒气，对幸福者或成功者的祝福语中会有嫉妒的愤愤不平，对不幸者或失败者的安慰语中有居高临下的傲气。但是，盘珪禅师对人说话的声气始终是真诚无伪的，不管是他向人宣示快慰之情或是一吐愁肠时，那种声气完全是从他的心中自然流露出来的，平静得像波澜不惊的流水一样。"学僧听后，不由得衷心赞美盘珪禅师说："我们师父的禅心，不是天生的，那是他努力修炼得来的啊。"

人人都有一颗心，心是能被控制的，以平和控制着心，脾气就会平和，人也就放下了愤怒、怨气等消极情绪。用心理学的"酒与污水法则"来说，就是要随时消除我们情绪中的"污水"，克制自己的不良情绪，千万别让"污水"污染了我们心中的"源头活水"，更不要将"污水"溅在别人身上，这样你的情绪就会平和，你的人际关系就会和谐。

常洗心灵

每个人在生活中都会遇到各种烦恼，会使心灵蒙上"灰尘"而产生不良情绪，这是一种正常的现象。但如果你不经常"洗涤"心灵，那"灰尘"就会如影随形地伴随在你的思想左右，而起伏不定的情绪就会成为你生活中的负担。长时间紧张工作和不规律的生活习惯也会造成人情绪上的压抑，如果不能及时宣泄出来，那么积累到一定程度就会转化为急躁、烦闷和怨气。

生活到底是沉重的，还是轻松的？这取决于人怎么去看待它。有些时候，人们莫名其妙、毫无理由地心情不好，干什么事都提不起精神来。这是因为，就像一年有春夏秋冬四季变化一样，人的情绪也有周期性的变化，"秋冬"不如"春夏"生机勃勃，人的情绪也会起起伏伏、时好时坏。究其原因，是因为有时人原本明亮的心灵被情绪的烦恼遮住了，所以变得灰暗。

环顾我们的周围，有一些人似乎总是情绪不高，整天都是一副郁郁寡欢的样子，还有一些人似乎总和别人"过不去"，认为所有的人都对他不好。"不想""不感兴趣""生活真是糟糕""够了"等消极的话语成为他们的口头禅。还有一些人说:"这个世界真的容不下我,领导、同事、朋友乃至亲人都不理解我,生活、工作又烦又没劲!"

心理学上有一个著名的"霍桑效应",即所谓的"宣泄效应"。霍桑工厂是美国本部电器公司的一家分厂,为了提高工作效率,这个厂请来了包括心理学家在内的各种专家,在约两年的时间里找工厂的工人谈话两万余次,认真听取工人对工厂管理的意见和抱怨,让他们把心中的烦恼尽情地宣泄出来,然后管理者根据大家的要求改进制度,最终使工人们的工作效率大大提高,这种现象被称为"霍桑效应"。

"霍桑效应"带给我们的启示是,人在工作和生活中必然会产生各种不良情绪,而对那些未能实现的愿望和不满的情绪,切莫压抑下去,而要让其宣泄出来,这对人的身心健康大大有利,相当于把心灵"洗刷"得更加干净。一个人只有清空了心中的"垃圾",心情才能更加明媚,才能以更加轻松愉快的态度面对工作和生活。

所以,当人陷入不良情绪时,不能自己只生闷气,而应及时调整,学会倾诉。正如培根所说:"如果你把忧愁向别人倾诉,他就会分担你的一半忧愁。"

放下心灵的"包袱"，摆脱心中的压力，让好的情绪回归，这会为自己提供一种向上的力量，对人生会有很大的促进作用，会使工作和生活出现令人欣喜的转机。

有一名普通的汽车修理工，生活虽然勉强过得去，但离自己的理想还差得很远。家庭生活的拮据，让他感到心中压力很大，于是他产生了换一份更好的工作的想法。有一天，他听说另一个城市的一家汽车维修公司在招工，便决定去试一试。周末他到达那里，面试的时间是在星期一。

吃过晚饭，他独自坐在旅馆的房间中想了很多，把自己多年来经历过的事情都在脑海中回忆了一遍。突然间，他感到一种莫名的烦恼和哀怨：自己并不是一个能力低下的人，但为什么工作至今依然一无所成，毫无出息呢？

他取出纸笔，写下了4位自己认识多年、薪水比自己高、工作比自己好的朋友的名字。其中两位曾是他的邻居，现在已经搬到高级住宅区去了；另外两位是他以前的老板。他扪心自问：与这4个人相比，除了工作以外，自己还有什么地方不如他们呢？是聪明才智吗？凭良心说，他们实在不比自己高明多少。

经过很长时间的反思，他终于悟出了问题的症结——自己的心灵被各种不良情绪污染，所以经常会不分对象和场合乱发脾气，得罪了不少人，自己的工作提升机会也因此少了很多。想到这，他觉得自己第一次看清了自己，发现了自己过去事业不顺的原因。他痛下决心：从此以后，决不能苛责他人或抱怨人生，决不能放任负面情绪发展，心中有压力也不能对别人恶语相加，要随时调整心态，保持乐观的心情，让自己放松。第二天早晨，他心情愉悦地去面试，结果顺利地被录用了。此后，他在这家工厂工作时，性情似乎彻底改变了，人人都认为他是一个乐观热情的人，和他在一起的人都觉得很快乐、很轻松，他的事业发展也越来越顺利。

很多时候，人就像海洋中一只游动的鱼，本来可以自由自在地游动，寻找食物，欣赏海底世界的景致，享受生命的丰富情趣，但突然有一天，遇到了珊瑚礁，本来没什么大不了的，但却以为自己陷入了绝境，其实这就是把自己关进了心灵的"死胡同"，无法走出来。一个人只有放松自己的心灵，努力克服一个又一个的"珊瑚礁"，才会有顺利和快乐的人生。

有的人常把不高兴的事挂在嘴上，搞得自己情绪不稳，行为不定；有的人不善于与人沟通，与人交往时常常责怪别人的不是，影响了大家的心情，自己更是觉得委屈。在这样一种怨天尤人的心态下，旧怨未消新怨又总在发生，人怎么会有好情绪呢？

有些人在面对困难与打击时，不能有效控制住自己的情绪，不时抱怨自己"怀才不遇"，结果在生活中蹉跎，一事无成。有些人拿不起，放不下，被一点小事搞得忧心忡忡，情绪波动。人之所以会产生不良情绪，很多时候是因为把自己遇到的困难放大了。

心灵蒙尘的人会让狭隘和自私挡住了自己的视听，不能感受到世界的美好和人间的温情。赤橙黄绿青蓝紫，七彩人生，各色不同；酸甜苦辣咸，五种味道，各有所好；喜怒哀乐悲恐惊，七种情感，品之不尽。人要懂得放下过往，学会遗忘让自己不开心的事情，珍惜每一天属于自己的时间，而且还要把每一天都看成是自己生命中最晴朗的日子，每天都"清洗"一下自己的心灵。

人之所以烦恼，在于有过多的执着，把很多东西看得很重，如钱财、事业、名声；人之所以痛苦，在于不切实际地追求可望而不可即的东西。在这几种心态的作用下，想不烦恼都难。

一个老和尚带着一个小沙弥过河，他们在河边遇见一位少女。河水上涨，少女过不了河，老和尚大发慈悲，背着少女渡河。上了岸，老和尚放下少女，继续向前走。走了好一阵子，小沙弥突然对老和尚说："师父啊！您不是告诉过我'佛门不近女色'吗？您怎么可以背着那个少女呢？"老和尚听了，笑着回答说："我都已经'放下'了，你怎么还'背着'呢？"

无独有偶，还有这样一个故事：

宋朝理学家程颢、程颐两兄弟，平日生活作风极为严谨，远离声色。

一日，兄弟俩同行赴宴，主人请来歌妓作陪。哥哥神色自若，不受影响，弟弟却紧张严肃。事后弟弟问："吾道中人不与歌妓为伍，吾兄如何视若无睹？"哥哥笑道："当时座中有歌妓，而我心中无歌妓；如今座中无歌妓，而你心中有歌妓。"

生活中，人最难以克服的情绪弱点就是"拿得起，放不下"。人在遇到挫折和不如意时会生气，如果一直在纠结，就会越来越生气。

人只有洗涤心灵，自己制造快乐的心境，才不会因为生气之事与人斤斤计较，才不会因为说错一句话而担惊受怕，才不会因为做错一件事而惴惴不安。人无完人，常思，常省，情绪就会平和。

一个师父外出回来，带回了一包核桃。师父拿出一颗给小徒弟，小徒弟高兴地用小锤子准备敲开核桃，师父看见这一幕，忽然意识到这是一个启发弟子的好时机，便伸手拦住了他，接着又从那包里数出十七颗核桃，一一摆在桌上，要求他把这十七颗核桃平均分成三份——师父一份，师兄一份，他自己一份，并且他的那份是桌上核桃的二分之一，师兄的那份是桌上核桃的三分之一，师父的那份则是桌上核桃的九分之一，核桃不能敲开，也不能剩下。这可难住了小徒弟，他无论如何也不能按师父的要求分开，他急得抓耳挠腮，还是毫无办法。师父见状，在一旁启发道："要是有十八颗核桃就好分了，是不是？"

小徒弟非常机灵，一听这话，知道师父是在提醒自己，就赶紧把手里那颗还没来得及吃的核桃拿出来，凑成了十八颗，这样难题就迎刃而解了，更令小徒弟高兴的是，他先前准备吃的那颗核桃仍然属于他。

师父进一步说："解开这道题的关键是你必须舍得，你要是舍不得把自己手里的核桃拿出来，就永远不能解开题目，而且，即使你舍弃了已经有的东西，最终你往往还是什么都不会损失。解题是如此，人生又何尝不是这样呢！"

"良田千顷，日食究竟几何？大厦万间，夜眠不过八尺。"即使你拥有了一切财富，如果天天生气，也丝毫感受不到生活的乐趣。能够放下自己沉重的负担，清理自己"繁杂"的心房，保持心静如水、乐观豁达的态度的人，才是智者，才能真正享受人生。

有时候，我们的心就像一间封闭的房间，里面装满了种种的烦恼——失去所爱的悲伤，无法实现愿望的痛苦等等，这些东西锁在人心这所"房子"里，找不到出口，横冲直撞，让人心情愈加烦躁。而为了排解这些坏心情，有的人借酒消愁，有的人大吃大喝，有的人疯狂购物，有的人大发脾气……但这一切的效果都不是那么尽如人意。其实，我们忘了排解坏心情最简单也最有效的方法："洗涤、清扫、扔掉"。

梦窗国师有诗云："青山几度变黄山，世事纷飞总不干。眼内有尘三界窄，心头无事一床宽。"人如果能做到"行也安然，坐也安然；穷也安然，富也安然；宠辱不惊，看庭前花开花落；得失无意，随天际云卷云舒"，这才是真正的有智慧。

决定一个人命运的不是自己所处的环境，而是自己是否有一颗干净的心。

驱散心灵的阴霾，让灿烂的笑脸常现，赶走内心深处的孤独和失意，人自然会减少许多怨气、怒气。

避免"情绪短路"

管理大师梅菲提出过一个著名的"梅菲定律"，意思是说如果一个人预料之中的事没有发生，而预料之外的事却发生了，人就会出现"情绪短路"。由此他归纳出一个心理学现象：凡事好像射点球，平时怎么踢怎么中，但越关键的时候越容易失手。这也就是人们所说的"关键时刻掉链子"。

"情绪短路"是怎么发生的呢？

从心理学上讲，人的情感在受到外界刺激时，具有多重性和两极性。每一种情感都有不同的等级，还有着与之相对的情感状态，如爱与恨、欢乐与忧愁等，并且还会有不同的级别和维度。情感的等级越高，人越容易形成"心理斜坡"，落差也就越大，情感也容易向相反的状态转化。因此，凡是有理智的人都能及时意识到自己情绪的变化并加以调整，比如，当怒起心头时马上让自己冷静下来，主动控制自己的怒气，使情绪保持稳定，"情绪短路"就不会发生了。

所以，人为了避免发生"情绪短路"，就要在情绪剧烈波动时及时调整心态，呵护心灵不受伤害。倘若"情绪短路"已经发生，就要理智地考虑一下前因后果，不要只顾一时的口舌之快，有意无意地对他人造成伤害，或将对方激怒，让双方矛盾升级。

人适当地"糊涂"一点，是医治"情绪短路"的良方。对人对事，只要不是原则问题，就大可不必事事计较谁是谁非，少去考虑个人得失，不去计较他人是否占了自己的便宜、自己有没有吃亏。这样才是善待了自己，也是在呵护别人的情感。

要想克服"情绪短路"，就要加强理智对情绪的调控作用。古语云"物极必反"，这就是提醒我们，"乐极""气极""怒极"都不好，人应该时刻注意保持冷静和清醒，避免极端情绪的干扰。在欢乐、顺心时，不要大喜，避免情绪波动过大；遇到苦闷或烦恼时，不要大悲，依然保持积极乐观的心态去笑对生活。人应当理智地控制情绪，保持心态平静，无论面对顺境还是逆境，都能悠然自得地享受生活的乐趣，与人和睦相处。唯有这样，才能有效避免"情绪短路"的出现。

有一位情绪急躁的女子婚后不久就和丈夫不睦，总是因为各种小问题和丈夫大发雷霆，自己还很委屈。女子的父亲听她说了情况后，拿出一张白纸在上面画了一个黑点，然后拿着纸问女儿："你看，纸上有什么？"

女儿答道："黑点。"

"你再仔细看看。"

女儿仍是回答："还是黑点呀。"

父亲说："难道除了黑点，你就没看见还有这么大一张白纸吗？"

女儿点了点头，神情有些茫然。

女儿回到家中，仍然在想白纸与黑点的事情，并从中领悟到了一个道理，那就是人不能只盯着眼前的一点小烦恼、小挫折，应该把眼界放宽，让心胸开阔，这样才能看到生活中美好的一面，才能更加积极地面对生活，更加和睦地与人相处。她用这个道理再去想自己对丈夫的看法，竟发现自己的丈夫其实还是有许许多多的优点，这时她才意识到自己是"入芝兰之室，久而不闻其香"了，很多时候并不是丈夫不好，而是自己的情绪发生了"短路"，因为控制不住自己的情绪，于是对丈夫总是求全责备，只能看到丈夫的缺点，而看不到丈夫的优点，这才引起了许多不必要的家庭争端，伤害了彼此的感情。

台湾著名作家柏杨说："任何事物都有正反两个方面，如果在白纸与黑点面前，只注意黑点而忽略了整张白纸，那么，你眼中的世界就是一个黑色的世界，它逼你承受压抑、失望和痛苦，怨天尤人、郁郁寡欢的心情就会代替原本属于你的快乐和幸福。但如果你注意的是整张白纸而不是黑点，那么，你心灵的天空就必然洁白、明朗、宁静，烦恼和痛苦也就会离你而去……"

发生"情绪短路"的人总是盯着个别"黑点"，自然看不到周围大片"白的"世界；他们因为终日盯着别人的缺点，所以常常自己也被烦恼所困扰，感受不到幸福的存在。其实，个别"黑点"也罢，大片"白"也罢，只要你善于换一个角度看待生活，看待问题，别总盯着别人的短处、自己的痛处，烦恼也就会烟消云散。

寒山问拾得："世间谤我、欺我、辱我、笑我、轻我、贱我、恶我、骗我，如何处治？"拾得说："只是忍他、让他、由他、避他、耐他、敬他、不要理他。"生活中也是如此，不管面对什么样的人什么样的事，不管处在怎样的处境中，只要始终保持不急不躁的心态，就可免却旁人带来的一切无名烦恼。

心平气和、淡然处之的处世态度是人的一种修养。纵观人的一生，或许有太多的烦事杂念会扰乱我们的心绪，甚至让我们"怒从心头起"，但如果陷入烦恼无法自拔，陷入纷争或怒骂或动手，这样钻牛角尖不仅解决不了遇到的问题，反而会使自己的情绪走入"死胡同"。

只有会控制情绪的人才能做到宠辱不惊、泰然自若，才能不让过激的情绪灼伤自己和他人，才能不轻易发脾气，更不会动不动就对别人指手画脚、颐指气使，这样的人实际上是在安静中透着威严和魅力。

其实每个人都有控制"情绪短路"的"钥匙"，但很多人却在不知不觉中把它交给了别人掌管。

一位女士抱怨道："我活得很不快乐，因为先生常出差不在家。"这位女士就是把快乐的"钥匙"交给了自己的先生。

　　一位妈妈说："我的孩子不听话，叫我很生气！"这位妈妈就是把快乐的"钥匙"交给了孩子。

　　一位男士说："上司不赏识我，所以我情绪低落。"这位男士就是把快乐的"钥匙"交给了老板。

　　婆婆说："我的媳妇不孝顺，我的命真苦啊！"这位婆婆就是把快乐的"钥匙"交给了儿媳妇。

　　这些人都做了相同的决定，就是让别人来控制自己的心情，把掌控情绪的"钥匙"给了别人，于是会纠结、会想不开、会发牢骚、会抱怨，他们其实是看到了生活中的个别"黑点"，忽视了整张"白纸"的存在。

　　"情绪短路"其实是人在后天形成的一种消极心态。如果一个人在"情绪短路"时发脾气，此时不妨想想生活给予自己的一切，以感恩之心面对生活，以宽容的心理扔掉坏情绪，这样就不会纠结于眼前的恩怨得失而总觉得不快乐。

第二章

豁达才能幸福

容天下难容之事

　　许多时候，人们对自己拥有的幸福常常熟视无睹，反而觉得别人的幸福更值得羡慕；还有些人，不珍惜自己拥有的幸福，反而去追求别人的幸福，这都是导致自己不快乐的原因。人若不快乐，情绪就不会好，一遇到困难，就会烦恼，就会生气。

　　人生就像一首诗，有甜美的浪漫，也有严酷的现实；生活就像一支歌，有高亢的欢愉，也有低沉的忧郁。

　　古代贤士阮籍在《咏怀》中所说："膏火自煎熬，多财为患害。布衣可终身，宠禄岂足赖。"意思是说名与利都不过是过眼烟云，无可无不可，不值得夸耀，更不足以留恋。人生需要的其实只是自得其所，自得其乐。

　　一个刺客闯入了惠灵顿公爵（英国著名军事家、政治家）的书房。

　　刺客说："有人说你臭名昭著，十恶不赦，我一定要杀了你。"

　　公爵说："我臭名昭著，十恶不赦？不对吧。"公爵一直以为自己在民众心目中行事清廉、充满爱心、爱民如子，因为没有人公开诋毁过他。

刺客又说："我是亚玻伦，我一定要杀了你。"

公爵问："一定要在今天吗？"

"他们倒没有告诉我在哪一天，但是我必须完成任务。"

公爵说："那现在可不方便。我很忙——我有很多信要写。你下次再来吧，我等着你。"说完，他就继续写他的信。

公爵的从容、大度和镇静，使刺客大为吃惊，他走出去，再也没有回来。

故事中的公爵不只是对荣辱毁誉不放在心上，甚至连面对生死他都能镇定自若，置之度外，其人格魅力真是让人叹为观止。一个人如果在危难时安然不动，心静如水，这种气度又何尝不是一种力量？

世界上最广阔的是海洋，比海洋更广阔的是天空，比天空更广阔的是人宽广的胸襟。豁达的人能放下各种心理"包袱"，使真诚、善良、忍让、正义、坚定……成为自己立身处世的法宝，并以此赢得自己的荣誉和地位。

豁达相对于狭隘是何等的高尚！狭隘的人斤斤计较，容不得一丝一毫的吃亏。《太平御览》里有个"妒花女"，见花就踩，闻香说臭。因为花与容相连，花的美触痛了她的嫉妒心，于是她便干出如此蠢事，自寻烦恼，无端寻来气生，这样的人怎能快乐呢？

有一位禅师很喜欢养兰花。有一次他外出云游，就把兰花交给徒弟照料。徒弟知道这是师父的爱物，于是格外小心地照顾着，兰花一直生长得非常好。可是就在禅师回来的前一天，他不小心把兰花摔到地上，兰花摔坏了。徒弟非常担心，但他担心的不是自己会受罚，而是师父会生气伤心。

面对这种情况，如果你是禅师，你会怎么处理？

故事的发展是这样的：禅师回来以后知道了这件事情，并没有生气，也没有惩罚徒弟，反而告诉他："我当初种兰花，不是为了今天生气才种的。"

禅师的反应出乎意料吗？其实禅师是真正的智者，豁达的人。

唐代有个人叫娄师德，胸襟宽广，气量过人。

一天，他走在街上，忽然听到有人指名道姓地骂他是畜生，他没有理会，直接走了过去。

他的随从忍不住说："老爷，有人骂您，您没听见吗？"娄师德说："他骂的是别人，你听错了。"

随从说："他明明是叫着您的名字骂的，怎么会是骂别人呢？"

娄师德说："天下同名同姓的人多得很，他是在骂另一个娄师德。"

这时，那人骂得更凶了，随从实在忍无可忍，又说："老爷，他还在指名道姓骂您是畜生，甚至说您连禽兽都不如……"

娄师德打断他的话说："他骂了我一句，你又对我重复一遍，你不是也在骂我吗？不要多管闲事。"

娄师德这一句"不要多管闲事"看似简单，实则很有意味：别人骂人，那是他的事，与自己有何关系呢？这实在是还内心清净的绝妙法子，而人如果内心清净，思想也会干净，负面情绪自然不会产生。

古往今来，有不同版本的《不气歌》在民间广为流传，这些歌谣都是我们的祖辈在历尽人生沧桑之后，对人生豁达智慧的深刻体悟和高度概括。在此略作筛选，呈于下文，谨供读者学习。

不气歌（一）

人生要想少生气，几件事项须牢记：

小是小非莫计较，一眼睁来一眼闭。

尺有所短寸有长，不去事事都攀比。

人间美景未看全，哪有工夫生闲气？

生气百害无一利，气坏别人伤自己。

生气常常伤理智，办坏事情悔莫及。

大度能忍天下气，不怕吃亏是福气。

你尊我敬多谦虚，慈悲心肠生和气。

不气歌（二）

日出东海落西山，喜比忧来能养颜；

不攀不比不恼烦，身心舒坦体常健。

贫富相安心常宽，不气别人不恼烦；

房宽房窄遮风寒，不计宽窄也安眠。

胸怀大度天地宽，恩怨情仇多包涵；

遇事想开要乐观，少生口角享清闲。

不生气来少烦恼，与人相安心坦然；

心宽体健养千年，莫生气来胜神仙。

俗话说："将军额上能跑马，宰相肚里可撑船"，人要将"容天下难容之事"奉为修身立本的真经，必须修炼自身。因为这不仅是修身养性的基础，也是安身立命的法宝，更是人际和谐的源泉，成就大业的利器。

"容天下难容之事"是人生豁达的一种智慧，是建立良好的人际关系的基础。人们常说："弓过盈则弯，刀过刚则断。"因此，能容天下难容之事者追求的是共赢与和谐。

18世纪的法国科学家普鲁斯特和贝索勒是一对论敌。他们围绕"定比定律"争论了九年之久，双方都坚持自己的观点，互不相让。最后的结果是普鲁斯特获得了胜利，成了"定比定律"的发现者。

但是，普鲁斯特并未因此而得意忘形，忘乎所以。他真诚地对与他激烈争论了九年之久的对手贝索勒说："要不是你一次次发难，我是很难进一步将这个定律研究下去的。"同时，普鲁斯特还特别向众人宣告，"定比定律"的发现有一半功劳是属于贝索勒的，是他们共同促成了该定律的发现。

确实，在普鲁斯特看来，贝索勒的一再发难和不断的批评，对他的研究是一种难得的激励，贝索勒实际上是在帮助他完善自己的研究，所以普鲁斯特不仅对争论不生气，反而一生都尊敬贝索勒。

普鲁斯特是胸怀宽广而明智的，他允许别人的反对，不计较他人的态度，同时充分看到他人的长处，善于从他人身上取长补短，肯定和感谢他人对自己的帮助。他正是由于善于包容和吸纳他人的意见，才最终走向成功，也让自己不为气恼纠缠。这种宽容实在让人感动。对别人的批评不仅不记恨，反而以容人之雅量接纳并为之美言，这一点有多少人能做到呢？

著名的天文学家第谷和开普勒之间的友谊也是一段宽容待人的佳话。开普勒是 16 世纪德国的天文学家，他在年轻尚未出名时，曾写过一本关于天体的小册子，深得当时著名的天文学家第谷的赏识。当时第谷正在布拉格进行天文学研究，第谷诚挚地邀请素不相识的开普勒来布拉格和他一起合作进行研究。

　　开普勒兴奋不已，连忙携妻带女赶往布拉格。不料在途中，贫寒的开普勒病倒了，第谷得知后赶忙寄钱救急，帮助开普勒渡过了难关。后来由于妻子的缘故，开普勒和第谷产生了误会，又由于没有马上得到国王的接见，开普勒无端猜测是第谷在使坏，于是他写了一封信给第谷，把第谷谩骂一番后，不辞而别。

　　第谷其实也是个有脾气的人，但是受此侮辱后第谷却显得出奇的平静，因为他太喜欢开普勒了，认定这个人在天文学研究方面前途无量。他立即嘱咐秘书赶紧给开普勒写信说明原委，并且代表国王诚恳地邀请他再度回到布拉格。

　　开普勒被第谷的博大胸怀所感染，重新与第谷合作，他们俩合作不久，第谷便重病不起。临终前，第谷将自己所有的资料和底稿都交给了开普勒，这种充分的信任使得开普勒备受感动。开普勒后来根据这些资料整理出著名的《路德福天文传》，以告慰第谷的在天之灵。

第谷容人之短的大度使他赢得了朋友的信任和真诚的友谊，也为自己的成功奠定了基础。

所以，一个人如果能坦然冷静地面对人生、面对与他人的冲突，这种大度与宽容会感动为难他的人，说不定还会扭转被动局面，达到化解危机的效果。

宋代丞相魏国公韩琦在定武统领军队时，一天晚上他要写信，于是叫一位士兵在旁边举着蜡烛。由于士兵走神，蜡烛烧着了韩琦的鬓发，韩琦立即用衣袖拂灭了它，继续专心写信。过了一会儿，回头一看，换了一位举蜡烛的士兵。韩琦担心主管会惩罚那位士兵，连忙对主管说："不要惩罚先前的士兵，他已经懂得如何举蜡烛了。"韩琦手下的官兵都很佩服他的大度。

韩琦镇守大名府的时候，有人献上两只玉杯，说："这是盗坟者找到的，里里外外都没有瑕疵，真是绝世之宝啊。"韩琦对两只玉杯十分喜爱，用白金酬谢送杯的人。以后每次设宴招待客人，他都会专门摆一张桌子，用绸锦覆盖，然后把玉杯放在上面。

一天，韩琦接待管理水运的官员，准备用这两只玉杯装酒待客，谁知他被一位士兵不小心撞倒，两只玉杯都打碎了。客人很吃惊，那位士兵也跪在地上等候惩罚。韩琦神色不变，笑着对客人说："每件东西坏与不坏，都有自己的运数。"然后转过身对那个士兵说："你是一时失误，不是有意的，我不会惩罚你，你去干最应该干的事吧。"韩琦宽大的气量令客人深感叹服。

科学家勒候德·列布赫说过这样一句格言："我们最终必须与我们的仇敌和解，以免我们双方都死于仇恨的恶性循环之中。"

社会本来就是人与人的集合体，唯有具备容人之量，才能取得事业上的成功。永远不要试图去报复自己的仇人，因为那样做也会深深地伤害自己。更不要浪费时间去计较那些恩恩怨怨，或为一点小事去生气，一个人如果有"容天下难容之事"的胸怀，那么，他就会打开一扇扇通往快乐的大门。

古人说："何以息谤？曰：无辩。"又说："是非以不辩为解脱。"这种"闻谤不辩"的处世方式包含了人生的大智慧。所以，当一个人因容不下一点委屈而仇恨别人时，他的内心会被愤怒充溢着，这对他的工作、生活、健康和快乐丝毫无益，因为一个人心中的恨意并不会伤害别人，但却会使自己的生活变得黯然无光。

所以，一个人如果能用宽容之心谅解别人，容难容之事，就可以赢得对方的尊重，使双方矛盾得到缓和；反之，如果双方度量都不大，那么即使芝麻大的小事，相互之间也会斤斤计较，争吵不休，各自都有一腔怨气，结果不仅会伤害彼此感情，影响友谊，甚至会使双方反目成仇。

我们每个人小时候都有过一张纯净的笑脸，但在渐渐长大的过程中，笑容却逐步被忧愁浸染，双眉紧锁成了习惯性的表情。那么我们又是在烦恼什么呢？是我们的心越来越小了，还是这个世界越来越小了？

一个人的心灵如果渐渐萎缩，就会容不下很多事。所以，找时间把影响你心情的事情都一一列举出来，你会发现，那些每天都烦扰你心灵的事情大多是一些微不足道的小事，而我们如果总是在这些芝麻绿豆的小事上纠缠不休，不知不觉中，烦恼的皱纹就会代替往日快乐的笑容。

英国的一位作曲家迪斯雷利曾说："为小事和人生气的人的生命是短促的。"人生活在这个世界上只有短短几十年，如果为纠缠无聊琐事而白白地浪费许多宝贵的时光，实在不值得。生活中有许多值得我们去欣赏和感受的美好所在，何必为那些明天注定要被遗忘的事情而烦恼呢，用宽广的心胸去包容一切吧，用良好的心态化解一切的不愉快，这样的你才会有更加幸福精彩的人生。

平和养心

愤怒和暴躁是人时常会遇到的极端化情绪。在生活中一些人由于遇到不顺心的事，便不能控制自己的情绪，甚至有些人情绪激动起来会暴跳如雷，让自己陷入不良情绪的困境中，从而导致情势对自己更加不利。

在非洲的大草原上有一种靠吸食别的动物的血存活的小动物——吸血蝙蝠，他们常常叮在野马腿上吸血，而野马无论怎样暴躁地狂奔，就是甩不掉这些吸血蝙蝠，强大的野马拿这些可怕的小动物没有办法。吸血蝙蝠们吸足了血才离开，而不少野马在狂奔中反而消耗了更多的体力，有的野马甚至被吸血蝙蝠折磨而死。后来，动物学家发现，吸血蝙蝠所吸的血其实很少，并不足以使野马死去，野马死去的真正原因是它们暴躁的情绪和没命的狂奔。

"野马效应"在人的情绪中时常有所体现：有些人因芝麻大的一点小事而大动肝火，或者因别人的过失和对自己的伤害而愤愤不平，以致时常产生抑郁情绪，在苦闷中无法自拔。

其实，人只有遇事不急不怒，宽容以待，才能够控制住自己的情绪，妥善解决问题，及时化解怨气。有修养的人都是能有效控制自己情绪的高手，他们不会让自己的心情总处于波动之中。

那么，如何控制自己的情绪呢?

首先，要避免气血过盛。从生理上说，人的气血对情绪有很大的影响，就像"水满则溢，月满则缺"一样，人如果气血太旺，血往上涌，那么脾气就上来了;反之，气血不足，血行不畅或血脉空虚，就会出现心悸气短等现象，人就容易抱怨、消极，时时感到有压力。

要想控制情绪，就要放平心态，让自己做到遇事先冷静一分钟。心为五脏之首，平时我们在养生时都要安心神，调整情绪也是如此，只有把心这个"首领"稳住了，其他五脏才能管理好。所以，心一静情绪就能平和，心气就能顺畅。

有一个脾气极差的妇人，常常控制不住自己的情绪而乱发脾气，于是她决定去寻找智者请求指点迷津。妇人找到了智者，向他诉说了自己的心事，言语态度十分恳切，渴望从智者那里得到启示。

智者一言不发地听她讲完，把她领到一间房子中，然后锁上房门，无声而去，留她一人在内。

妇人本想从智者那里听到一些开导的话，没想到智者一句话也没有说，只是把她关在这个又黑又冷的屋子里。她气得顿足大骂，但是无论她怎么骂，智者就是不理会她。妇人实在忍受不了，便开始哀求，但智者仍然无动于衷，任由她在屋里闹个不停。

过了很久，房间里终于没有了声音。智者在门外问："不生气了吗？"妇人说："我只生自己的气，我怎么会到你这里来！"智者听完，说道："你连自己都不肯原谅，怎么会原谅别人呢？"于是转身而去。

过了一会儿，智者又来问道："还生气吗？"妇人说："不生气了。""为什么不生气了呢？""生气有什么用呢？只能被你关在这个又黑又冷的屋子里。"智者说："你这样其实更可怕，因为你把你的气都压在了一起，憋在心里，一旦爆发会比以前更加强烈。"说完又转身离去了。

等到第三次智者来问她的时候，妇人说："我不生气了，因为你这样做不值得我为你生气。""你生气的根还在，你还没有从生气的旋涡中摆脱出来！"智者说道。

又过了很长时间，智者过来了，妇人主动问道："你能告诉我生气是什么吗？"智者开门走进屋里，并不说话，只是看似无意地将手中的茶水倒在地上。

妇人终于顿悟：原来，自己不气，哪里来的气？心地透明，何气之有？

的确，气由心生。所以，控制住心就控制住了情绪。一个人要能控制住自己的怒火，不可为了一些不顺心的事轻易怒不可遏。

其次，要以一颗平常心对待自己、对待他人，人应时时在清静的环境中反省自己。

一个军官带兵的时候，对手下的兵有三种处罚办法。

第一种办法是不打也不骂，就让犯错误的兵两手各拿一张报纸，手平伸起来立正，站一个小时。这种惩罚是非常痛苦的。

第二种办法是罚犯错误的兵三天不准说一句话，这也很痛苦。

第三种办法是把犯错误的兵丢到一个非常空旷的山野，什么东西都没有，没有人说话，没有人世间的一切喧闹，让寂寞成为惩罚的手段。

很多人都有这样的经验：有时候处理一件复杂的事情，简直百思不得其解，但有时会忽然间恍然大悟，这就是面对问题能否静心的差别，如果一个人能排除世事纷扰，不急不气，静心的能量对解决问题的益处就是巨大的。

所以，要想修炼好自己控制情绪的能力，一定要时常静下心来。如果人的心不放松，身体所有的神经都会紧张起来，这样就会起急发火。而那些借助狂欢、吃喝玩乐想让自己放松的方式更是适得其反，只会让人们疲惫的心灵压力越来越大，火气越来越盛。

人要做到静心，最好的办法是放空思想，比如品味一下流连在舌尖上的舒畅茶香，感受玫瑰花沁人心脾的芬芳，感觉一下他人温柔的微笑，听听树叶摩挲的"沙沙"声。生活中不缺少美，也不缺少快乐，静下心来就会发现、感受到周围世界独特的美，在真实简单的快乐中缓解紧绷的情绪，平复失控的心情。

"动态静心"也是一种静心的方式，比如，抽时间散散步，读读书，听听音乐，参加一项自己喜欢的活动，多与朋友、家人聊聊天，这些都是不错的方式。

人只有调整好身心、真正静下来之后，才会发现自己拥有了祥和与快乐的心态，才能自由自在地体验生活中的美好。

生活中，总会有许多的不如意，许多事总会让人心里不痛快，烦恼也会随之而来。解决这些问题的最好方法是保持一种良好的心态，让心平静，不受世事所扰。

远离嫉妒

嫉妒是指人们为争夺一定的权益，对相对的幸运者或潜在的幸运者怀有的一种冷漠、贬低、排斥或是敌视的心理状态。人一旦放任嫉妒心，就会产生负面情绪，严重时会产生仇恨的情感。

说起嫉妒这个话题，许多人会不自觉地想起《三国演义》里的周瑜，《三国演义》把周瑜描绘成一个心胸狭窄、嫉贤妒能的典型，当他发现诸葛亮的才智超过自己时，便想方设法谋害，必欲除之而后快，结果他的计谋被诸葛亮一一识破，最终他反中了诸葛亮的计策，被气得吐血身亡，绝命之时仰天长叹"既生瑜，何生亮"！

周瑜是因为嫉妒别人、恨自己不如他人最终被气死的。其实周瑜本身很有才华，只是因为恨人比己强、恨他人才华超过自己、他人能力强于自己而满怀怒气、怨气。因为他的嫉妒心无法排解，所以一旦爆发，情绪难以控制，就会做出许多过激的事情，以致造成对自己不好的后果。

生活中嫉妒心强的人不少。一般而言，嫉妒心理较多地产生于心胸狭窄的人中。嫉妒心的产生往往是由于不能正视自己，看到他人取得了成就，便对自己进行否定，不去想如何努力赶超他人，使自己过得更好，反而怪别人比自己强，嫉妒他人。其实，一个人的成功不仅要靠自己的努力，更要靠别人的帮助。

要克服嫉妒心理，必须采取正确的比较方法，即多看自己的优点和长处，不要钻"他人为什么比我强"的牛角尖，而要想到有朝一日自己一定会用努力证明自己的实力，用积极乐观的情绪驱散心中狭隘引起的阴霾，这样才能免受嫉妒之害。

有一个女孩气性很大，常因为一点小事就与人闹得不可开交，过后还一直沉浸在气愤中难以自拔，为此她吃了很多的苦，但她仍不改正。父母不厌其烦地把如何做人、如何处世的道理讲给她听，她也明白自己的嫉妒心理给自己带来的将是无边无尽的"苦海"，但她就是摆脱不了嫉妒心的纠缠。

嫉妒是一种想突出自我的表现欲，不少人住楼讲究宽大，买车讲究豪华，穿衣讲究名牌，喝酒讲究名贵，就是因为有强烈的表现欲，如果别人哪点比自己强，他们就会产生怨恨或者是刻意报复的念头，甚至会在背地里做损人利己的事。

科学家的观察和研究证明，嫉妒心强烈的人会因情绪常常激动而易患心脏病，而且死亡率也高。此外，头痛、胃痛、高血压等病症，也较易发生于嫉妒心强的人，并且对于这些人而言药物治疗的效果也较差，因为"心病还需心药治"，"嫉妒病"更是如此。

在日常生活中，人的嫉妒心理是很普遍的，因为嫉妒是人的本性之一。英国科学家培根就曾经指出："在人类的情感和欲望之中，嫉妒之情恐怕是最顽强、最持久也最能让人生气的了。"

具体来说，嫉妒是对才能、名誉、地位或境遇比自己好的人心怀怨恨，是对别人的成就感到不快的一种心理感受。当今社会充满竞争，个体之间的差异日益突出，嫉妒心理成为社会通病。当然，嫉妒心是一种性格缺陷与心理障碍，是一种消极的情感表现。

《科学蒙难集》中记载有这样一件事。

举世闻名的大化学家戴维发现法拉第颇有才能，于是将这位铁匠之子、小书店的装订工招到皇家学院做他的助手。法拉第进入皇家学院之后进步很快，接连搞出多项重要发明，就连戴维曾经失败的领域他也取得了成功。

然而，当法拉第的成绩超过戴维之后，戴维心中不可遏制地燃起了嫉妒之火。他不仅一直让法拉第屈居实验助手的地位，而且还诬陷他剽窃别人的研究成果，极力阻拦他进入皇家学会。这大大影响了法拉第的科学创造，直到戴维去世，法拉第才真正开始其伟大的创造发明。

戴维本应享受伯乐的美誉，却因嫉妒心理阻碍了法拉第的迅速成长，不仅使自己生活不幸，还背上了阻碍科学发展、使科学蒙难的"恶名"，留下了令人遗憾的人生败笔。

其实，生活中许多人都有不同程度的嫉妒心，不过大多数人在产生嫉妒时能够理智地做出判断，从而控制自己的嫉妒心理。只有少数人由于嫉妒心失控，才会采取各种极端行为以寻求自己的心理平衡，但结果却往往是既损人也不利己。

社会中人因为有了各种身份、地位、财富的差别，有嫉妒心也是人之常情。但人要用理智去控制自己的嫉妒心，否则就会导致不良的心态，就会产生生气与怨恨的情绪。有的人因为嫉妒心过盛，对别人忌恨仇视；有的人因为嫉妒，对他人诋毁中伤。这些都是心理不平衡的结果。

而心胸宽广能控制嫉妒心的人，大多能够安贫乐道、以苦为乐，他们的内心反而是最快乐的、最坦然的，他们在生活中不会因为蝇头小利和人斤斤计较，他们不怕失去，也不会因自己的境遇不如他人而内心委屈生气，反而会在随遇而安的平淡之中，在简朴的生活中乐享人生。

嫉妒之心需要控制，嫉妒心理一旦产生，就要立即把它消除，以免其作祟而让自己情绪激动，引发阴暗的报复心理，成为可怕的"炸药包"。人要学会豁达开朗的生活态度，学会欣赏他人，也要学会欣赏自己，多看自己的优点和进步！人只要一直保持虚怀若谷、欣赏他人的心态，看世界就会觉得世界美好，看他人就会看他人长处，自己也就没有了烦恼。

一个人要想做到保持平和不嫉妒的心态，就要努力提高以下几方面的修养：

一是培养自信心。自信心决定着一个人能否有勇气去面对别人超越自己的现状，能否想方设法提高自己的竞争能力，争取达到梦寐以求的目标。而培养自信心需要给自己制定一个个目标，这样才能有助于用积极的行动驱散不良的情绪。

二是培养承受能力。每个人都想过幸福富裕的生活，但美好的生活要靠自己的双手创造。看见别人过得比自己好就眼红嫉妒，这是人的劣根性在作怪。人一定要增强自己的心理承受能力，对别人的荣华富贵不羡慕、不嫉妒，而且要将嫉妒的消极心理转变为积极努力的动力。

三是积极乐观。人的一生十有八九会遇到不如意的事，如果自己暂时没有别人过得好，也不要怨天尤人，嫉妒别人的幸福，甚至希望别人也遭到不幸。人要用乐观的心态去面对厄运，这样才能尽快摆脱困境，只有做到不抱怨、不泄气，自己心中才会无"气"生。

四是要有一颗平常心。用一颗平常心去对待身边的每一个人，无论面对的是达官显贵还是位高权重者，都要不卑不亢，尊敬但不卑躬。

命运对每个人而言都是公平的，努力是改变命运的唯一捷径。所以不要去抱怨别人过得比自己好，生活给予每个人的幸福其实都不少，给每个人的发展机遇也会不少，只看你能否抓住机遇，能否经过奋斗获得幸福。人千万不要被眼前的浮华迷惑，嫉妒心主要是由于自己欲望太强、爱慕虚荣引起的，所以，远离嫉妒，不要让嫉妒伤害他人和自己。人只要有了宽广的心胸和高尚的修养，嫉妒的魔鬼就不能把害人害己的"炸药包"送给你。

突破"情绪设限"

"情绪设限"是指一个人由于心理自我设限而导致自卑或自弃，以至于难以发挥自己的优势，也很难攻破自我心理定式的心理学现象。"情绪设限"不是因为外界因素导致的，而是自己造成的。

"情绪设限"效应是一种对于自我能力和品质的消极的自我评价或自我意识，即个体认为自己在某些方面不如他人而产生的消极情绪。"情绪设限"的人总认为自己事事不如人，经常自惭形秽，经常丧失信心，经常悲观失望，经常不思进取。一个人若被"情绪设限"所控制，其潜力将会受到严重的束缚，聪明才智和创造力也会因此受到影响而无法正常发挥作用。

虽然"情绪设限"很可怕，但人有突破此"心理牢笼"的本能，这种本能就是精神意志的力量，有了这种力量，什么样的"情绪设限"都可以被摧毁。

每个人都想事业成功，生活幸福，但为什么有的人活得潇洒自如，有的人却将自己的人生弄得一团糟？还有一些原本很有潜质的人，终生也未能成功，这又是为什么呢？这主要是因为，他们不了解自身的优势，自信心受情绪限制，常常过高或过低地估计自己。

"情绪设限"对一个人的成长和发展有致命的伤害。因此，如果你发现了自己情绪不稳定而产生了"心理牢笼"，就要用理性的态度把它摧毁。

有这样一个笑话：

一天，动物们开联欢会，小猴子为大伙儿跳舞助兴，动物们对它的舞姿赞不绝口。

旁边的骆驼好生羡慕，有些按捺不住了，心想："我也想个办法，让大家夸我一番。"

小猴子跳完舞后，骆驼走上台去，大声说："各位，请安静，我给大家跳一曲骆驼舞，怎么样？"动物们听了，都很兴奋。

骆驼向大伙鞠了鞠躬，然后摇摆起笨重的身体，由于它的舞姿笨拙而滑稽，结果，不仅没有赢得赞誉，反而被大家嘲弄不已……

事实上，一个人如果没有自我突破的意识，人云亦云，跟在别人后面亦步亦趋，同样不能取得成功。人一定要善于发现自己的优势，扬长避短，找到自己的闪光点，充分利用自己的优势。

生活的真正悲剧，并不在于人们没有足够的自身优势，而在于人们未能充分发挥自身所拥有的优势。一个人如果想成功，首先要认清自己的优势，这是最重要的。

有这样一个故事：

一位美丽的长发公主因听信巫婆的言语，认为自己丑陋无比，于是将自己囚禁在一座高塔里不肯出来。

公主每天都把头探出塔外，有一天，一位英俊的王子从塔下经过时看见了她，将她叫了出来，王子拿出镜子给公主，公主才认识到自己实际上是个美丽的姑娘，后来她也获得了自由与爱情。

这是一个童话故事，却蕴含着深刻的道理：不要完全相信你听到的一切，也不要因他人的议论而鄙视自己，否则就会陷入自卑的"心理牢笼"。美丽公主把巫婆的话信以为真，于是让自己陷入了自卑的"情绪设限"中。

我们常常发现有些人身上的自卑，是拿别人的优点长处与自己的缺点短处进行比较的结果，另一个原因是喜欢听信那些不该听信的话。其实每个人身上都蕴藏着无穷无尽的潜力，但一旦"情绪设限"，人就会丧失自信，心绪萎靡，并不知不觉地为自己营造起自卑的"心理牢笼"。

人的"情绪设限"有多种多样，但有一点是相同的，那就是所有的"情绪设限"都是人们自己给自己营造的。就拿自寻烦恼来说吧，有些人总是责备自己的过失，还有些人对那些不如意的事情怨天尤人，有人抱怨自己受到的不公平待遇，有人念念不忘生活和疾病带来的苦恼……这些人天天如此，时间一长，就会不知不觉地把自己囚禁在"情绪设限"的心狱里。

在现实生活里，还有不少人喜欢把一些不相干的事与自己联系在一起，这些不相干的事对他们造成心理障碍，使他们失去理智的判断能力，最后被囚禁的仍是他们自己。

其实，人的一生会遇到许多坎坷，人也会有许多愧疚、许多迷惘、许多无奈，甚至稍不留神，就会给自己营造"心狱"。郎费罗说："不要以感伤的眼光去看过去，因为过去再也不会回来了；最聪明的办法，就是好好对待你的现在……'现在'正握在你的手里，你要以堂堂正正的大丈夫气概去迎接美好的未来。"

某一天，一位高傲的武士去拜访当地最有名的禅宗大师。他本是一个出色且颇具威名的武士，但当他看到禅宗大师儒雅的举止与俊朗的外形时，却猛然自卑起来。

他对大师说道："为什么我在你面前会感到自卑？仅仅在一分钟前，我还是好好的。但我刚迈进你的院子里，就突然自卑起来。以前，我从没有过这种感觉。我曾经无数次面对死亡，但从没有感到恐惧，为什么现在会感到有些惊恐呢？"

大师对他说道："你耐心地等一下，等这里所有的人都离开后，我自会告诉你答案。"

一整天，前来拜访大师的人络绎不绝，武士等得心急火燎。直到晚上，房间里才空寂起来。武士急切地说道："现在，您可以回答我了吧？"

大师说："到外面来吧！"

夜晚，满月高挂，月亮发出皎洁的光辉，分外美丽。大师对武士说道："你看看这两棵树，一棵高入云端，而它旁边的这棵，还不及它的一半高，它们在我的窗户外面已经存在好多年了，从没有发生过什么问题。这棵小树也从没有对大树说：'为什么在你面前我总感到自卑？'一个这么高，一个这么矮，为什么我却从未听到矮的树抱怨呢？"

武士说道："因为它不会比较。"

大师回答道："那么你就不需要问我了。你已经知道答案了。"

很多"情绪设限"的人总是习惯于拿自己的短处和别人的长处比，结果越比越觉得不如别人，因而形成了自卑等负面心理。其实，每个人都有自身的优点和弱点，我们无须拿自己的缺点去跟别人的优点相比较。那些因自己的弱点而感到不如他人的人是最愚蠢的，因为，一个人如果因"情绪设限"而跟自己过不去，那无异于在折磨自己。生活中，有些人总是无缘无故地怀疑或贬低自己，导致自己心境消沉，生活了无生气。其实，人只要一直向前看，多往好的方面想，积极地努力行动，就一定能使自己从恐慌、自卑等"情绪设限"的桎梏中走出来，也就一定能使自己快乐起来。

"情绪设限"往往伴随着怠惰，这种怠惰非常可怕。特别是现代社会，竞争激烈，强中还有强中手，人一旦丧失了追求的动力，什么事都不会做好。特别是被"情绪设限"的人，只能遗憾地把自己放在"观众席"上，与成功无缘。

所以，当我们的生命中只剩下了一个柠檬，"情绪设限"的人会说："我完了，我只有这一个柠檬了。"然后，他就开始诅咒这个世界，让自己活在自怜自艾之中。而情绪不设限的人，会自信地说：我至少还有一个柠檬，我要尽可能地利用这一个柠檬改变目前的状况，比如把它做成柠檬水。所以，成功的人会突破"情绪设限"，拒绝负面情绪，因为他们知道，自我设限会把自己拖垮，画地为牢会让自己无路可走。

第三章

喜怒哀乐人生常态

气大伤身

有一个年轻人看这不顺眼，看那也不顺眼，时常愤世嫉俗，怨自己命运不济，社会不公。

有一天，他的领导问他："年轻人，这样的大好时光，你为什么总是不快乐？"年轻人说："我觉得我是一个不幸的人，身体弱，当不上官，同事也都看不起我，没有人关爱我。"领导说："你怎么不交朋友呢？"年轻人说："别提了，他们总是嘲笑我，和他们交往简直是在找气生。我真的觉得生活没有意义，工作也没有意义，活着简直就是痛苦。"

领导给年轻人一根绳子说："你干脆上吊吧，反正早晚也得死，还不如现在死了算了。"年轻人说："我并不想死。"领导说："既然不想死，就好好活着，生命是一个过程，不是一个结果，与其天天气这个气那个，不如改变自己。年纪轻轻的愤世嫉俗有何益处？要想有健康的身体，首先要有阳光的心情。"

是的，生命就像一个括号，左边括号是出生，右边括号是死亡，人要做的事情就是填括号。用积极的生活方式、用靓丽多彩的事情和好心情把括号填满，人生就会充满快乐，生命就会是光明的，哪还会在闲气中浪费时光？

不要把自己的人生寄希望于别人，能把握生命的只有自己。如果总是产生无端的怨气，生活、工作怎么可能弄好？很多严重的疾病并不能彻底摧毁一个人的生命，有很多人面对无情的病魔，依然能够安然无恙，因为他们有乐观向上的心态；但另一些人即使没病，但因为不平之气常积郁心中，于是日久生病，这都是不健康心理和消极情绪所致。

中国人把怒说成"生气"，为什么怒叫"生气"？所谓的怒气并不单指发出来的脾气，闷在心里的怒火对人体造成的伤害更大。怒气会使得气在胸腹腔中形成中医所谓"横逆"的气滞，造成肠或胃的疾病，严重的会造成死亡。现今许多人的病很可能是生闷气的结果。

据医学家实验证明：人体本是一个气血平衡的有机体，人发怒的时候，人体内会产生一股气，这些凭空生出来的"气"会打破人体内原有的平衡，对身体有百害而无一利。

人们常说，生气就是在用别人的过错惩罚自己。生气就像战争一样，会大量消耗资源，浪费身体的血气和能量。爱生气的人不管是心理素质，还是身体状况，一定是不健康的。生活中因为爱生气而把自己折腾的一身是病，甚至短命的人不在少数。

"气大伤身"，这是句千古不变的真理。《黄帝内经·灵枢篇》中对疾病的原因有一段说明："夫百病之所始生者，必起于燥湿寒暑风雨，阴阳喜怒，饮食起居。"古人早就明白生气是最原始的疾病根源之一，不但浪费身体的血气能量，更是造成人体各种疾病的一个非常重要的原因。

研究成果显示，脾气暴怒的人不仅容易发生中风，也容易发生猝死。而且这些人所面临的突发性死亡的风险很大。人常常在暴怒之后郁郁寡欢，长时间不能摆脱生气的阴影。气太大，可能会毁掉自己的人生；气过盛，甚至会断送自己的前程。好多病是因嗔怒积郁形成的，下面粗略说一下爱生气对身体方面的危害，希望给各位读者以警示。

一是伤脑。气愤之极，会使大脑思维突破常规活动，做出鲁莽或过激举动，反常行为又形成对大脑中枢的恶劣刺激，气血上冲，还可能导致脑出血等严重后果。

二是伤神。生气时由于心情不能平静，难以入睡，致使神志恍惚，无精打采。

三是伤肤。经常生闷气会面色憔悴，毫无光彩，皱纹多生，容易苍老。

四是内分泌失调。生闷气可致长斑、长痘以及甲状腺功能亢进，整个人体内分泌紊乱。

五是伤心。气愤时心跳加快，出现心慌、胸闷的异常表现，甚至诱发心绞痛或心肌梗死。

六是伤肺。人在生气时呼吸急促，可致气逆、肺胀、气喘、咳嗽，危害肺的健康。

七是伤肝。人处于气愤愁闷的状态时，会使肝气不畅、肝胆不和、肝部疼痛，危机肝的健康。肝在人体中的地位太重要了。肝在心肾之间，沟通心肾，肝属木，水生木，木生火，水和火分别是肾和心，在水火之间，调剂阴阳。而当人心平气和的时候，水火保持平衡，人生机勃勃，这是人体器官相互协调、正常工作时的状态。而一旦动怒生气，要么"水"被吹干了，"火"被吹灭了；要么"水"被吹得惊涛骇浪，"火"被吹得泛滥成灾，这在中医里就叫"肝风内动"。

八是伤肾。经常生气的人，可使肾气不畅，尤其在极度大悲大怒的情绪中会产生闭尿或尿失禁的症状。

九是伤胃。气懑之时，不思饮食，久而久之必致胃肠消化功能紊乱。

每个人的心理都有一个承受限度，当这个承受限度被打破之后，人们自然就会产生惊惧、紧张、焦虑等情绪，就像有人看见血会晕、会呕吐一样，其实都是惊惧、紧张、焦虑等情绪引起的肌肉收缩和肠胃问题。

但每个人又都会有愤怒的时候，愤怒情绪的产生在所难免，一个人如果经常处在愤怒情绪中就会非常痛苦，时间久了还会引发各种疾病。人在愤怒的时候心跳会明显加快，而且这种情况会一直持续到愤怒情绪消散之后。愤怒还会使人的血压明显升高，还会带来可怕的后果，比如大脑血管破裂或心脏病发作。

约翰·亨特是英国最著名的生理学家之一，他是一个脾气非常暴躁的人，一点小事都可能引发他的雷霆之怒。不幸的是，他还患有严重的心脏病。偏偏约翰还娶了一位"爱较真"的太太，太太常跟约翰争吵，有好几次都差点让他心脏病发作。当然了，太太并不是故意这样的，因为她肯定没有想过要谋害自己的丈夫。然而约翰最终还是在一次学术会议上因为无意的争论而断送了性命。

仅仅是愤怒就让一个学术界的佼佼者命丧黄泉，可见愤怒情绪是多么危险。

的确，很多人会因为和别人较真而生气乃至失眠，也会因此而让心理、生理受到伤害，人的心情长期低落会引发抑郁症。所以，如果能彻底地忘记那些让自己生气的事，不再纠结于那些所谓的恩怨得失、爱恨情仇，摆脱精神的枷锁，就不会画地为牢，人要让自己的心舒适，让自己从容而面带微笑地对待工作、生活。一个善于"忘记"不快、宽容生活的人就会有好的情绪。

人的一生必然会充满着喜怒哀乐。气由心生，生气不是别人带给你的伤害，而是你不能控制自己的情绪造成的，再好的医生也无法阻止病人生气，人要想不生气，就要时时注意心性的修炼，事事加强自我修养，只有提高自我修养才是延年益寿的"良方"。因此，理性的思考，平和的心态，积极的自励，处世的淡然，都是平息怒火、变生气为长志气的法宝，人拥有了这些，就拥有了延年益寿而不会轻易生气的"良方"。

当你心情不好或者生气时，多转移话题，或者做其他事情用以分散自己的注意力，使不好的心情有所缓解。也可以把自己不开心的事告诉朋友、亲人，或者痛痛快快大哭一场，还可以去空旷之处高喊几声，或者到体育场畅快淋漓地进行体育运动，这都是扫除心中坏情绪的方法。

仰望蓝天白云，在轻松愉快的遐想中神游物外；或者默默地与自己的心灵交流，感悟静谧与美好，体悟生命的真谛；还可以用心去倾听音乐，让自己沉浸在愉快的旋律之中而忘记烦恼，重新激发对生命和生活的热情与热爱，这都是给情绪"排毒"的良方。

克服"心理斜坡"

人的情绪犹如复杂多变的大海，有时会大起大落。喜悦时如沐春风，伤心时愁肠寸断，生气时急火攻心，抑郁时黯然神伤。这就是典型的"心理摆"效应。

人在外界环境的刺激下会产生不同的情绪，每一种情绪都有不同的等级，还有与之对应的感情状态，像爱与恨、欢乐和痛苦等。在特定的心理活动中，感情的等级越高，呈现的"心理斜坡"就越大，而越容易向相反的情绪转化，人的情绪表现就会大起大落。比如一个人因为意外的惊喜而很兴奋，但如果突然因为外界环境的变故（人或事的影响）或者因为突如其来的刺激而陷入困境，就会感到无比沮丧甚至愤怒。

有这样一则故事。

有个人每天都在固定的报摊买一份报纸，尽管这个摊贩的脸色一向都很难看，但他还是每次都对小贩客气地说声谢谢。有一次与他同行的朋友看到这种情形，便问他："这个小贩每天卖东西都是这种态度吗？""是的。""那你为什么还对他如此客气？"那人回答："我为什么要让他的行为影响我的情绪呢？"

是呀！我们为什么要让别人的行为、言语来决定我们的情绪呢？别人用什么样的态度对待我们，我们无法改变，但是我们可以管理好自己的情绪，不被他人所左右。当然，这样的境界得经过一番心性的锤炼才能达到。因此，让我们从改变自己的内心世界做起，把自己的情绪交给自己来管理吧！

喜怒哀乐，乃人之常情，这本无可厚非，但如果不能很好地加以控制，听之任之，则会成为人生成功的一大障碍。古话说：乐极会生悲，而盛怒之下更容易做出不该做的事、不能做的事，而事后再找"后悔药"则已经晚了。

生活之中，人们感受周围的事物，形成自己的观念，做出自己的判断，这些行为无一不是由自己的心来进行。然而，愤怒的情绪常常干扰人们的心，使之出现种种偏差。因此，成功的人能成功地驾驭情绪，而失败的人往往被情绪所驾驭。

《三国演义》中的诸葛亮是一位既能制己之怒，又能激人之怒的"情商高手"。在魏主曹睿封 76 岁的王朗为军师来战蜀兵的一段情节中，本想"只用一席话，管教诸葛亮拱手而降，蜀兵不战而退"的王朗，结果却被诸葛亮轻摇三寸之舌，给活活气死了。

除此之外，诸葛亮三气周瑜的故事也是人人皆知。周瑜在恼恨暴怒之下疾呼："既生瑜，何生亮！"最后口吐鲜血而亡。

王朗和周瑜的才学并不比诸葛亮差，但就是在"情商"的管理——即在怒气的控制上他们较之诸葛亮差，因而他们失败了。

人生常做之事应是笑，因为它能决定人的心情。给别人一个微笑，别人也会回报自己一个微笑。但微笑并非只为了社交，微笑可以改变心情，自己开心了，就觉得晴也好雨也好，凡事都可以让自己快乐。所以，脸上常挂微笑可以让自己开心，可以感染别人的心情，可以让周围充满阳光！

每天早上醒来，睁开眼睛之前先要提醒自己放松一下、微笑一下，以愉悦的心情迎接新的一天的开始。这样，不管昨天是生气还是烦恼，只要对自己有了自信的微笑，每天都会有个好的开始。自然地真心地微笑，会改善人一天的心情，会影响人以后的生活。

一个人除了用笑调节心情，让自己心灵平静、不生气，还必须懂得心存感恩。如果有人总说"等我生活过得好一点之后，我一定会去感恩"，那他永远也不会感恩，因为感恩之心是每个人都应该具备的，无论一个人的生活境遇如何，一定都有值得感恩的人与事。感恩是一种美德，也是一种立世之本。

有一位朋友，每次与不同的人见面时都会心情愉快，眉开眼笑。大家打趣说："那是因为他家庭事业两得意，所以才春风得意。"他却笑着说："不，我不是因为顺心如意才快乐，而是因为我感恩，所以很快乐。"

这位朋友说得对，不是顺心如意让人欢喜，而是心生欢喜才让人顺心如意。生病的人说，要等病好起来才能够快乐；做生意的人说，要等生意兴隆才会快乐；感情不和的人则说，要等感情好起来才能快乐。其实这种心态正是这些人不快乐的原因，因为快乐不是等来的，唯有用积极的心态面对人生才会快乐。

克服"心理斜坡"就是要让自己快乐，而快乐是过程，不是结果。生活压力会让人心情低落，情绪紧绷会让人满腹怨气，但是试试这个秘诀：先快乐，然后看看会发生什么。不要等待快乐的事情发生，不要期待所有的问题都解决了才快乐，要控制自己的情绪，让自己快乐起来，快乐得越早压力就会越小！

快乐要发自内心，人快乐，微笑就会常挂脸上。微笑是无声的问候，能够播下友谊的良种；微笑是一泓清泉，能够滋润众人的心灵。微笑是人面对生活的一种态度，跟贫富、地位、处境没有必然的联系。一个富翁可能忧心忡忡，而一个穷人可能心情舒畅；

一位残疾人可能坦然乐观，一位处境看似顺利的人可能会愤愤难平……

微笑是对他人的尊重，同时也是对生活的尊重。微笑是有"回报"的，你怎样对待别人，别人就会怎样对待你，你对别人的微笑越多，别人对你的微笑也会越多。

在受到别人的误解时，有的人选择暴怒，有的人却选择微笑，通常微笑的力量会更大，因为微笑会震撼对方的心灵，微笑所显露出的豁达气度会让对方觉得自己渺小、丑陋。

清者自清，浊者自浊。有时候，过多的解释、争执是没有必要的。对于那些无理取闹、蓄意诋毁的人，与其生气，不如一笑置之。

当年，有人到处宣传爱因斯坦的理论错了，并且说有一百位科学家联合作证。爱因斯坦知道了这件事，只是淡淡地笑了笑说："一百位？还需要这么多人？如果能证明我真的错了，只要一个人就行了。"

爱因斯坦用微笑化解了愤怒，他的理论经受住了时间的考验，而那些怀疑他的人最终被他的微笑打败了。

如果我们能培植起一种快乐的心情，就会常常微笑，微笑的心态，会让自己的心胸彻底打开，会让人完全接纳自己，会让人不

第三章 喜怒哀乐人生常态

去计较得失而生气，会克服"心理斜坡"产生的不平衡反应。

27岁时，善静和尚弃官于乐普山元安禅师门下出家，禅师令善静管理菜园，在劳动中修行。

一天，寺内一位僧人认为自己已经修行成功，可以下山云游了，于是就到元安禅师那里向他辞行。

元安禅师听了僧人的请求，笑着对他说："四面都是山，你将要往哪里去呢？"

僧人无法推究出其中蕴含的禅理，只好转身回去，无意中走进了寺院的菜园子。善静正在锄草，看见僧人愁眉苦脸的样子，惊讶地问："师兄为何苦恼？"

僧人将事情一五一十地告诉了他。

善静马上想到"四面的山"暗指"重重困难""层层障碍"，元安禅师实际上是想考考僧人的信念和决心。可惜，僧人没有参透师父的旨意，于是善静笑着对僧人说："竹密岂妨流水过，山高怎阻野云飞。"

哪位僧人再次来到元安禅师那里，对禅师说道："竹密岂妨流水过，山高怎阻野云飞。"以为师父一定会非常高兴地夸奖他，准他下山，谁知元安禅师听后，先是一怔，继而眉头一皱，两眼直视僧人道："这肯定不是你的答案，是谁告诉你的？"

僧人见师父已经察觉，于是说出实情。

元安禅师对僧人说："善静和尚将来一定会有一番作为的！现在他都没有提出下山，你还要下山吗？"

每个人都有七情六欲和喜怒哀乐，烦恼也是人之常情。但是，由于每个人对待烦恼的态度不同，所以烦恼对人的影响也不同，人们通常所说的"乐天派"与"小心眼"就是对心胸显然的区别。"乐天派"的人一般善于淡化烦恼，所以活得轻松，活得潇洒；而"小心眼"的人喜欢自寻烦恼，一旦有了烦恼就扔不掉，导致自己不开心，别人也不高兴。

其实，人生大多数烦恼都是自找的。所以驱散怒气的最好方式就是让自己心胸宽广。

心胸宽广的人微笑是发自内心的，从不伪装。即使人生中有挫折有失败有误解，也正确对待，因为，他们明白保持"微笑"的心态，人生会更加美好。微笑是人最好的名片，谁不希望跟一个乐观向上的人交朋友呢？微笑是朋友间最好的语言，一个自然流露出来的微笑，胜过千言万语，能化干戈为玉帛，化冷言冷语为暖言。

微笑是一种修养，并且是一种很重要的修养，因为微笑的实质是坦然，是淡定，是鼓励，是温馨。真正懂得微笑的人，总是比别

♣

人更容易获得机会，更容易取得成功。

忘记恩怨

　　现实生活中，很多人往往因为一点小事就生气，并指责别人的不是。还有些人有仇必报，四处树敌。其实他人对我们不好，如果我们以德报怨，就可能会化解仇恨，会增加一个朋友。一个有仇必报的人最多在打击敌人的那一刹那会有快意，但他的心灵却会被仇恨扭曲。而一个以德报怨的人却可以享受内心的祥和，并建立起良好的人际关系。

　　其实，细观生活，矛盾纠葛处处有，恩怨是非时时在，每个人各自走着自己的生命之路，纷纷攘攘，难免有冲突和摩擦，如果冤冤相报，非但抚平不了心中的创伤，而且只能将伤害者捆绑在无休止的争斗中而增添怨气。

　　世界上最重要的是生命，因此身体健康，内心健康才最重要。世上所有的事都可以大事化小，小事化了，根本没有什么恩怨是非值得大动干戈。因此，当你正在气头上的时候，不妨告诉自己：

等一等，冷静一下再说。这样等到心平气和，也许你就会发现，恩恩怨怨根本不足为气，什么都不重要，因为没有什么过不去的坎。

《菜根谭》中有这么一句话："邀千百人之欢，不如释一人之怨；希千百事之荣，不如免一事之丑。"大意是：自己想求得许多人的喜欢，不如消除一个人的怨恨；希望许多事情都办得漂亮，不如免除一件事的过错。即使有了千百人的赞叹，也不如平息一个人的怨尤使人欢喜。一时之气可造无边罪过，所以说平怨消气是人生福气的根源。

原谅是一种品格，宽容是一种风度，以德报怨更是一种涵养，是协调和处理好人际关系的最佳方式之一。有如此美德之人，不仅不会让自己生气，而且还能让别人开心。人唯有对世事时时心平气和，宽容大度，才能处处有朋友，快乐常相伴。

不要去计较别人曾经伤害自己有多重，毕竟那已经过去了。如果陷入抱怨、仇恨的情绪而不能自拔，苦的是自己。如果非要去报仇，那伤害的不只是别人，还有自己。很多人容忍不了一点小事，对任何事都计较得失，算恩怨，针尖对麦芒，以眼还眼，以牙还牙，以怨报怨，最终导致矛盾激化，关系紧张，双方都被捆绑在无休无止的争斗中。

一位农民的庄稼被邻人的牛踩坏了。这位农民没有大惊小怪、与邻人争吵，而是捉到牛后把它牵到荫凉处喂以水草，并在牛卧倒休息时为它驱赶蚊蝇。邻人见后惭愧不已，一再道歉、致谢，并主动赔偿损失。

试想，要是这位农民为出一时之气而把牛痛打一顿，结果将会如何呢？很可能会惹出新的纠纷，甚至使双方因此结下仇怨。可见，以德报怨，怨恨自消；以怨报怨，积怨益深。

有位久经沙场的将军厌倦了战争，专程到俊凡禅师那里要求出家。他问俊凡禅师："禅师，我已经看破红尘，请禅师发发慈悲收留我，让我做您的弟子吧。"

俊凡禅师说："你有家庭，有太重的社会习气，现在还不能出家，慢慢再说吧。"

将军说："禅师，我现在什么都放得下，妻子、儿女、家庭都不成问题，请即刻为我剃度吧。"

俊凡禅师说："慢慢再说吧。"

将军无法，只得等待。有一天他起了个大早到寺里礼佛，俊凡禅师一见他便说："将军为什么这么早就来拜佛呢？"

将军用禅语诗偈说："为除心头火，起早礼师尊。"

禅师却开玩笑地回道："起得那么早，不怕妻偷人。"

将军一听非常生气，骂道："你这老东西，讲话太伤人了。"

禅师哈哈一笑："轻轻一拨扇，性火又燃烧，如此暴躁气，怎算放得下。"

这个故事是说，想要修炼得有涵养并非易事，要想摆脱恩怨的困扰，就不能因为一点小事发怒，也不能因为一点言语不合就发脾气。心胸和度量不只体现在大是大非上，还体现在日常小事上。

那么，人为什么会被怒气牵着走呢？是因为心中的计较太多，比如计较得失，计较别人的轻慢等。而人的心理承受能力是有限度的，当面临的恩怨冲突过多时，就会烦躁、焦虑和紧张。所以，如果人们终日生活在对过往痛苦的回忆中，反复回想过去曾受的挫折和委屈，心情就会越发忧郁、生气，对现实就会越发不满而愤怒，心理就会更加不平衡，犹如火上浇油，怒气会越来越盛。

摆脱恩怨是非、不生闲气的一大法宝就是"遗忘"。一个人的情绪受环境的影响，是很正常的，但你苦着脸，一副苦大仇深的样子，对处境并不会有任何的改变。相反，如果你能忘却那些恩怨是非的琐碎之事，你就能使自己的身心获得宽慰。忘掉恩怨是非中的不快，你就能把自己从痛苦中解脱出来，激发出新的力量。

请看一个让人心灵震撼的故事。

第二次世界大战期间，一支部队在森林中与敌军相遇，经过一场激战，有两名来自同一个小镇的战士与部队失去了联系。他们俩相互鼓励，相互宽慰，在森林里艰难跋涉。十多天过去了，他们仍然没有与部队联系上。他们靠身上仅有的一点鹿肉维持生存。再经过一场激战，他们巧妙地避开了敌人。然而刚刚脱险，走在后面的战士竟然向走在前面的战士安德森开了枪。

子弹打在安德森的肩膀上。开枪的战士害怕得语无伦次，他抱着安德森泪流满面，嘴里一直念叨着自己母亲的名字。安德森碰到开枪的战士发热的枪管，怎么也不明白自己的战友为什么会向自己开枪。但安德森还是宽容了他的战友。

后来他们都被部队救了出来。此后30年，安德森假装不知道此事，也从不提及。安德森后来在回忆起这件事时说："战争太残酷了，我知道向我开枪的就是我的战友，知道他是想独吞我身上的鹿肉，知道他想为了他的母亲而活下来。直到我陪他去祭奠他母亲的那天，他跪下来求我原谅，我没有让他说下去，而且从心里真正宽容了他，我们又做了几十年的好朋友。"

安德森在得知自己的战友对自己开了黑枪之后，完全可以义愤填膺地将他置于死地。但安德森竟然从战争对人性的扭曲、人渴望生存渴望团圆的天性上原谅了他的战友，依然与曾经想杀害自己的人做了一生一世的朋友。

如果安德森在气急败坏中选择了报复，杀害了战友，那他日后的生活会快乐吗？心灵会平静吗？也许，他一生都会纠结着这件事，一生都会在怨恨中度过。

"风物常宜放眼量"，人与人之间免不了有这样或那样的矛盾，朋友之间也难免有一些纠葛。如果能摆脱世俗的恩怨，不计前嫌而微笑着去生活，就会增加亲和力，让别人更乐于跟你交往，你得到的机会也会更多。所以，只要不是大的原则问题，就应该抱着宽容的态度与人为善，宽以待人。不能有理不让人，无理争三分，更不能为一些鸡毛蒜皮小事争得脸红脖子粗，让双方伤了和气。人要有那种"何事纷争一角墙，让他几尺也无妨，长城万里今犹在，不见当年秦始皇"的宽大为怀的高风亮节，这样的人才是真正懂得处世之道。

有这样一个感人的佛教故事：

一位方丈拿着几位好心人捐赠的寺庙急需的钱赶路，在路上遇上了一个匪徒，钱都被匪徒抢去了。

方丈回到寺庙里，其他几位高僧都急着追问他事情发生的经过，他却说要找个地方静下来想一想。十五分钟之后，方丈从房里出来。一个人问："你是求佛给你寻回那笔钱吧？"另一个人说："不是的，方丈一定是求佛再赐下另一笔钱给我们用。"

方丈不紧不慢地说："我安静想了想，觉得应感谢三件事。第一，我只是被抢了钱，身体并没有受到伤害；第二，我这三十年来第一次遇上强盗，而在过去的三十年里，我都未遇到过；第三，最应当感恩的是，我是被他人抢去了东西，而不是我去抢他人的东西，我不是强盗。"

方丈能超脱世俗、不计得失而原谅强盗，并不为他的卑劣行径而生气抱怨，这就是心胸开阔者的智慧。

所以，当你再一次被恩怨得失纠缠的时候，不妨想想这个故事，让自己理智地对待问题吧！

及时让"情绪转向"

生活中每个人的情绪都会背负着很多不必要的东西，比如嫉妒、杂念、妄想、烦恼和抱怨，这时就要避免"毛毛虫效应"，要让情绪及时转向。

何谓"毛毛虫效应"？

法国心理学家法伯曾做过这样一个著名的实验，被称为"毛毛虫实验"：他把许多毛毛虫放在一个花盆的边缘上，使之首尾相连，形成一个圆圈，并在花盆周围不远的地方撒了一些毛毛虫最爱吃的松叶，然后开始观察毛毛虫的反应。

毛毛虫开始一个跟着一个，绕着花盆一圈圈地爬。一个小时过去了，一天过去了，又一天过去了，这些毛毛虫在夜以继日地绕着花盆一圈圈地爬，这样一连七天七夜，它们终于因为饥肠辘辘和精疲力竭而衰弱而死。

法伯曾这样设想：毛毛虫会很快厌倦这种毫无意义的绕圈子，或者因为爱吃的食物的诱惑而转移方向，但遗憾的是它们并没有这样做。它们完全可以避免饿死的悲剧，可它们摆脱不了原来的思维方式和习惯，"一根筋"地钻进了牛角尖而无法自拔。

后来人们就把这种只会因循着一种固定方式，不会转变思路，从而导致自己深受其害的现象，称为"毛毛虫效应"。

毛毛虫的悲剧还说明：生活中人们不能只关注自己脚下的路，还要抬头看看自己的方向是不是正确，如果选择了一个错误的方向，再大的努力也是白费。

一位女子报名参加某部电影的女主角海选，导演挑来挑去，最后只剩下她和另外一位候选人，论外形和气质，这个角色非她莫属。虽然她因为一点小小的失误造成了导演的犹豫，但导演还是偏向于她的，不巧这时外界又传出了关于她的流言。她难平一时怒气，干脆赌气退出了竞争。

显然，这位女子的情绪完全被搅乱了，她放弃了近在眼前的机会。这就是不能让情绪及时转向的后果。其实，只要自己站得直、行得正，外来的评价和流言蜚语又怎能伤害到自己呢？只要能平心静气地保持正常的情绪，就做出正确的选择。这种为了赌一时之气，偏离了自己真正的轨道，影响的不仅是自己的生活，对别人实际并不会有任何影响。

有不少人在工作、生活、爱情、婚姻中会遇到类似的情况，不能让情绪及时转向，但人生的很多遗憾和委屈又岂是一口气能赌掉的？

三国时期，诸葛亮率领蜀国大军北伐曹魏。魏国大将军司马懿采取以逸待劳的拖延策略，不与蜀军正面交战，实则消耗对方实力。这一招着实厉害，诸葛亮的军队远道而来，后勤补给困难，如果不速战速决，势必难以取胜。

为了让司马懿出兵，诸葛亮派人给他送去一件女人的衣裳，并且下了一封战书："不敢出兵，这跟妇人没有什么两样。你如果是一个真正的男儿，就出来两军交战；否则，就穿上这件女人的衣服吧！"

"士可杀不可辱"，这些挑衅性的言辞激怒了司马懿，但是他转念一想，诸葛亮这是在故意让自己意气用事、仓促出兵。于是，司马懿强压着怒火，下令全军坚守不出，等待作战时机。

几个月后诸葛亮病逝，蜀军悄悄退兵，司马懿不战而胜。作为三军统帅，司马懿能够在紧要关头让失控的情绪及时地转向，控制住自己的愤怒情绪，不凭感情用事，做出了正确的战略决策，这就是他最后能够成功的根本原因。

我们要做自己的"至高统治者"，要能让自己的情绪从气愤中及时转个弯，痛快地扔掉自己的"情绪包袱"，为自己选择无害的发泄方式，学会控制自己的坏脾气，坚持心理上积极的自我暗示，这些做法对改变不良情绪都是很有帮助的。

日常生活中，常常听到一些人发出这样的叹息："假如我当初能够冷静点儿，头脑没那么发热，做决定时不那么意气用事，不在沮丧时选择放弃，恐怕我现在也已经很有成就了，我的生活也要比现在幸福得多！"

许多人之所以壮志未酬，过着悔恨悲愁的生活，就是因为他们在关键时刻头脑发热，没能冷静地思考形势。冷静明智的人则不同，不管其前途怎样黑暗，心头怎样沉重，他们都要等到忧郁、沮丧的心情消散，头脑冷静下来以后，再进一步决定行动方案。

如果一个人凡事斤斤计较，不会调整不良情绪，得理不让人，动辄生气，那么，这个人就不会快乐，事业也将会一事无成。人要把心上的担子放下来，让自己从不良的情绪中及时转向，从容应对各种不快之事，笑对各种坎坷世态及冷暖人情。

生活中有些事需要努力，需要认真，但如果每天埋怨着自己是多么的辛苦，世界对自己是如此的不公，不能让自己从消极的情绪中及时转向，这就会成为烦恼、痛苦的根源。而如果能及时掉个头转个弯，也许会轻松很多。

人一旦生气，就会产生怨恨、愤怒和仇视心理，心就会浮躁而无法安定。心一浮躁，浑身的血液就会跟着它紧张起来而发热，身体就像火在燃烧一样，满腔的怒火就随时可能爆发。

因此，当怒火中烧之时，先让心灵平静下来，人只有静下心来，才能不被不良情绪所左右。

有一句话说得极妙："一件事，想通了就是天堂，想不通就是地狱。"既然活着，就要活好，活好的前提就是要好好地控制自己的情绪，这是活好的关键，是聪明之举。

人生的漫漫长路上，几乎没有人永远与鲜花和微笑相伴，无论工作还是生活，所以，人只要活在这个世界上，就会有些许不快来打扰，烦恼总会在不经意间触动人敏感的神经，在人心灵的土壤里潜滋暗长。此时，你应该赶紧斩断不快，把那些不利于我们前行的"烦恼"像倒垃圾一样清除干净，有意识地让自己不要去想，不要去在意，这样才能步履轻松地继续前行。

有句诗词："闲看庭前花开花落，笑望远山云卷云舒。"这是何等的气定神闲。花一直在开，关键在于我们有没有欣赏它缓缓绽放的闲情；云一直在动，关键在于我们有没有随它自由舒展的逸致。保持一颗平和的心，你也能到达老子的"无为"、庄子的"逍遥游"那般的境界。

第四章

幸福生活靠自制

自制力是立身之本

如果有人问：什么样的人才是最优雅、最有内涵的人？正确的答案应该是有自制力的人。所谓"自制力"，是指能够善待别人、也能够善待自己的能力。真正有自制力的人，还应表现出温文尔雅、谦逊知礼的举止，不会轻易动怒，更不会主动向别人挑衅。

有人曾对身处监狱的成年犯人做过一项调查，调查结果显示：这些人之所以走上犯罪道路，90%是因为缺乏必要的自制力。因为缺乏自制力，他们害了别人，也害了自己。

一个人如果缺乏自制力，就会对生活造成极为可怕的破坏。相反，一个人如果拥有自制力，就可以获得意想不到的收获。

一个人，不管家庭出身如何高贵、长得多么漂亮、受过多高的教育，一旦表现出暴戾、唐突、残忍、尖刻和任性，就会被打上粗俗的烙印。很多人试图用华丽的衣着和精致的饰品来"包装"自己，但因为他们忽视了"自制力"，于是欲盖弥彰，掩盖不住华丽外表之下的暴躁性情。

一次，英国政治家斯蒂芬·道格拉斯在参议院开会时，一个政敌对他出言不逊，用非常恶毒的话侮辱他。他听完后，站起身来，平静地说道："这不是一个绅士口中说出的话，你不要指望绅士会做出回答。"然后摘下帽子，向他深深鞠了一躬，脸上却洋溢着快乐的笑容。

无独有偶。

在伦敦，一个青年妇女疾步穿过街道拐角，不小心和一个人撞上了。那是一个要饭的小孩，衣衫褴褛，几乎被撞倒。女士赶紧刹住脚步，转过身子，声音非常柔和地说："孩子，我撞到你了，真对不起，请你原谅。"小孩睁大了眼睛看了这位女士一会儿，然后摘下帽子，向她深深鞠了一躬，脸上洋溢着快乐的笑容。

英国政治家柴斯特菲尔德说："一个人只要有自制力，不管别人举止怎么不适当，都不能伤害他一根毫毛。因为他本身有一种凛然不可侵犯的尊严，会受到所有人的尊重。而没有自制力的人，容易让他人生出侮慢的心理。"

一个有自制力的人，可能会失去物质财富，但不会丢掉勇气、乐观、希望、德行和自尊。这样，即使他没有物质财富，他仍然是个很富有的人。

自制力是一种无形的财富，而且它所产生的力量是金钱所不能企及的。有自制力、有内涵的人可以无往而不胜，用人格魅力去感染他人，让他人感到心情愉悦，让他人认为你是个可靠的人、优雅的人、值得尊敬的人。

在一家百货公司受理顾客投诉的柜台前，许多人争着向柜台后面的那位年轻女孩诉说他们所遭遇的问题，以及他们对这家公司不满的地方。

那位年轻女孩脸上挂着亲切的微笑，对这些愤怒的顾客产生了良好的影响。他们来到她面前时个个咆哮怒吼，但当他们离开时个个心平气和，甚至他们之中的某些人离开时脸上还露出了羞怯的神情，因为这位年轻女孩的"自制力"使他们对自己的行为感到惭愧。

在这些投诉的顾客中，有的十分愤怒且蛮不讲理，有的甚至讲出很难听的话。柜台后的这位年轻女孩一一接待了这些愤怒而不满的顾客，态度非常和蔼，丝毫未表现出嫌弃。年轻女孩脸上带着微笑，引导顾客们前往相应的部门，她的态度优雅而镇静，表现出了高度的自制力。

这家百货公司的经理说，他之所以挑选这位女孩负责公司中最艰难而又最重要的一项工作，主要是因为这个女孩具有足够的自制力。

古今中外成大器者无不具有很强的自制力，能耐住压力，正视压力，会及时调整情绪。古语云"天将降大任于斯人也，必先苦其心智，劳其筋骨"，在"苦心智、劳筋骨"的阶段，实际上更需要自制力。人如果没有自制力，情绪就会不稳定，失败的结局也就不可避免。

世界台球冠军争夺赛在纽约举行。路易斯·福克斯的得分一路遥遥领先，只要再得几分便可稳拿冠军了。就在这个时候，他发现一只苍蝇落在主球上了，于是他挥手将苍蝇赶走。

可是，当他俯身击球的时候，那只苍蝇又飞回到主球上，他在观众的笑声中再一次起身驱赶苍蝇。这只讨厌的苍蝇破坏了他的情绪。而且更为糟糕的是，苍蝇好像是有意跟他作对，他一回到球台，它就又飞回到主球上来，引得周围的观众哈哈大笑。

路易斯·福克斯的情绪恶劣到了极点，他终于失去了理智，愤怒地用球杆去击打苍蝇，球杆碰到了主球，裁判判他击球，他因此丢失了一轮发球的机会。

路易斯·福克斯方寸大乱，连连失利，而他的对手约翰·迪瑞则越战越勇，终于赶上并超过了他，最后摘走了桂冠。

这就是所谓的"约翰逊效应"。"约翰逊效应"得名于一个叫作约翰逊的运动员，约翰逊平时训练有素，实力雄厚，但在真正的体育大赛上却时常失利。因此，人们把那种平时表现良好但缺乏应有的心理承受能力导致竞技场上失败的现象，称为"约翰逊效应。"

一般而言，人的情绪会受到外界环境的刺激以及一些偶然因素的影响，因此要走出"约翰逊效应"的怪圈，必须用高度的自制力训练自己主动克服心理上的不良因素，比如患得患失、愤怒、恐惧、悲观等，克服这些问题最根本的办法是保持一颗平常心。平常心对于任何干扰我们的情绪都是一剂冷凝水，它能唤起人的自制力，用自制力战胜不良心态，对压力和障碍加以适应，这个过程不是一个容易的过程，但人可以从一次次的心态磨砺中实现从量到质的转变，提高对外界压力的适应能力，而保持平常心，就会拥有更多的正能量。

缺乏自制力的人，心灵的天平会失去平衡而导致情绪失控，这样的例子在各种比赛中不胜枚举。所有比赛争的都是输赢，比的是实力，较量的却是心态。人只有发挥自制力，才能让自己心无杂念地在静默中沉思，也才能激发自己最大的潜能。所以，人们常说"有自制力的人是有智慧的人"。

那么，如何学会自制，并提高自己的自制能力呢？

一是要明辨是非，知道什么是对的，什么是错的，进而控制自

第四章 幸福生活靠自制 ♣

97

己不好的想法和欲望，这样才能控制自己不做错事。没有顽强意志力的支撑，自制力就是空谈。也许一个人有了自制的意识或者愿望，但行为上却不能达到自制的要求，这时就需要发扬顽强的意志力，勇于挑战自我，控制愤怒，将内心的意识变为行动。

二是要从小事做起，注意从细节上加强自律。自古以来，律己的人都是注重小节的，如果对小的失误任其发展，不加以控制，那么它就会像滚雪球一样越滚越大，最终造成严重失误。

患得患失是人生大忌

美国有一个非常著名的钢索表演艺术家叫瓦伦达，他演技高超，从来没有失误过。

有一次，瓦伦达要为一个重要的客人表演，他很清楚这一次演出的重要性：全场都是美国知名人物，如果能在这一次演出中取得成功，不仅可以奠定自己在演艺界的地位，而且还会给演出团队带来极好的评价和巨大的经济效益。

为了保证自己的良好状态，瓦伦达从前一天开始就一直在仔细琢磨，每一个动作、每一个细节都想了无数次。可以说，对于这次演出，瓦伦达感觉自己胸有成竹了。

终于到了演出的日子。瓦伦达这次没有用保险绳，他很自信，因为许多年以来他没有出过错误，他有100%的把握不会出错。

但是，意外总是以人们无法想象的方式发生：当他刚刚走到钢索中间，仅仅做了两个难度并不大的动作之后，就从10米高的空中摔了下来，虽然经过现场紧张的抢救，但他最终还是没有醒过来。

为什么瓦伦达会发生这样的意外？最后，还是他的妻子揭开了谜底："越是担心的事就越容易发生。他在出场前就不断地说'这次太重要了，不能失败'。"这一次，瓦伦达太想成功了，太害怕失败了，太患得患失了。正常情况下，凭瓦伦达的技能和经验，他是不会出事的，但坏事情最后却发生了。

当一个运动员比赛前一再告诉自己"千万不要失误"时，他患得患失的情绪会影响他的行动，结果往往不是心想事成，而是事与愿违——他多半会因失误而更紧张，因紧张而失败。

还有些人常常把失败的原因归咎于他人，他们认为，成功的人都是一帆风顺，而自己失败都是因为命运不济。所以在他们看来，既然幸运女神不眷顾自己，自己只能是怨天尤人，或者在行动有

第四章 幸福生活靠自制

♣

望成功时患得患失。这些人年复一年地按照失败者的生活模式过日子，却不知道自己的遭遇恰恰是自己的自暴自弃造成的。他们看不到自己应负的责任，于是便责怪他人，责怪自己的运气不好，责怪社会……由此，产生许多莫名其妙的怨气。

其实这些人的问题都是出在自己的身上，是由于自己患得患失、无所作为而最终一事无成。

一个人两手各拿一个花瓶前来献佛。

父亲对他说："放下！"

那个人放下了左手上的花瓶。

父亲又说："放下！"

那个人又放下了右手上的花瓶。

可父亲还是对他说："放下！"

那个人说："我已经都放下所有能放下的东西，现在两手空空，没有什么能再放下了！"

父亲说："我让你放下的，你一样都没有放下；我没有让你放下的，你倒全都放下了。礼佛是否敬献花瓶并不重要，重要的是要有一颗清净的心。你的心被很多东西占据了，你不放下那些，你就不能从生活的桎梏中解脱出来，不能懂得什么是真正的生活，这样的话，礼佛又有什么意义呢？"

世界五光十色，吸引人眼球的东西实在是太多太多，很多人总是看见什么就喜欢上什么、看见什么就渴望拥有什么，忘了静下心来，问一问自己究竟需要什么，长此以往，就会不由自主地患得患失，遇到困难就会感到绝望无助。很多时候，人们那种无助、绝望的患得患失感是一种自己给自己设置的障碍。

有句话这样说："如果你想品尝我的茶，请你先倒空你的杯。"是的，如果一个人心里装了太多的东西，想得太多，渴望得到的太多，就无法去享受生活中的快乐。就像喝茶，如果心思不在茶上面，怎能细细品味出它的甘味。一个人要想成功，就应该先抛开内心的不切实际的渴求，清空自己的内心，叩问自己的心，自己想做什么、想得到什么、想拥有一条什么样的人生道路，然后再踏步迈向前方，向着自己理想的生活前进。

一个学生问老师："人们都怕寒冬酷暑，请问如何才能避开寒暑呢？"

老师说："很简单，到没有寒暑的地方去。"

学生问："哪里才是没有寒暑的地方呢？"

老师平静地答道："灭却心头火自凉。"

上面这则故事表面上说的是"心静自然凉"的道理，进一步分析也可以看出，若一个人的心常静，就不会患得患失，而看一

第四章 幸福生活靠自制

切就会看得顺眼。这个老师借用寒暑来说明问题也很高明。寒暑本是人自身对外界的反应，全世界恐怕都找不到一个完全没有寒暑之别的地方，所以，人只要内心平和，即使处于酷暑中也会觉得凉风习习；人只要内心平和，即使处于寒冬中也觉得温暖如春。

心态决定一切，人只要有一份恬静的心情，一份乐观的心态，一份豁达的情怀，再大的压力对你来说都是前进的动力，你眼中的世界就不会全是负面的，而大多数都是正面的，你就不会再那么患得患失了。

时下，有人成天名缰利锁缠身，何来快乐？有人成天陷入你争我夺的境地，快乐从何而言？还有人成天心事重重，阴霾不开，快乐又在哪里？有人小肚鸡肠，心胸狭窄，为了一点小事斤斤计较，快乐又何处去寻？

所以，不要太在乎利益得失，放下就是快乐，只要你心无挂碍，什么都看得开、放得下，不去计较，何愁没有快乐的春莺在啼鸣，何愁没有快乐的小溪在歌唱，何愁没有快乐的鲜花在绽放！

每个人对人、对物、对世界都有自己的看法，美善还是恶丑，快乐还是痛苦，完全取决于一个人的心态。因为你在乎一些人、一些事，因为你内心纠结于一些人、一些事，所以你痛苦、你烦恼。事实上，如果你不在意，谁又能让你生气？如果你不给自己找烦恼，别人也永远不可能使你陷入痛苦之中。

所以，无论身处多么险恶的环境，无论面临多么艰难的抉择，只要我们的内心足够强大，就能做到不患得患失，就不会在消极等待中耗费自己的青春，就能够摆脱精神的枷锁，以快乐的心情追求幸福。

避免"情绪偏差"

为什么小孩子总是快乐的？是因为他们思想单纯，生活简单。对于一个喜欢冰淇淋的孩子来说，一座金山不如一个冰淇淋能给他带来快乐；对于一个喜欢在外玩耍的孩子来说，在外面的自由胜过在家里玩电脑里的各种游戏。孩子很容易满足，孩子也很容易快乐。而人渐渐长大，就像是背着书包旅行一样，一路上，会捡拾很多东西：名誉、家庭、金钱、友谊、爱情、事业、责任……捡着捡着，书包就渐渐装满了，因为太沉重，就产生了压力，快乐也就随之渐渐消失。很多人以为自己捡到的东西都是好东西，可正是这些"好东西"，让人在斤斤计较中无法快乐，这就是"情绪偏差"带来的反应。心理学上把自己为难自己、自己责备自己的心理活动称为"情绪偏差"，这是一种负面心理倾向，因为这种人很容易受到外界信息的暗示，从而出现自我感觉的偏差，忽略自己的幸福和快乐。

"情绪偏差"像个指挥棒，把人指向情绪的低落处。其实，人生在世，不如意的事情肯定会有，因为世界毕竟不是自己一个人的世界，人生有磨难、有坎坷都很正常，而能否以一种平和的心态去对待则非常重要。

有一位中年女士，丈夫对她体贴入微，孩子听话，家里吃喝不愁。外人都很羡慕她的家庭，她却觉得别人家大富大贵、事业有成，不觉得自己家庭美满，幸福长久，自己的生活快乐，反而是烦恼不断。

她对什么都没有兴趣，她感觉不到有什么高兴的事，整天无精打采提不起情绪，没有朝气和活力，远不如同龄人看起来有激情，还动不动就发脾气、生闷气。

这不是自己跟自己过不去，自己给自己背上沉重的包袱吗？

每个女人都希望自己有倾城的美貌，对于自己容貌上的缺陷总是会想方设法地遮掩。有这样一个女孩，她的嘴很大，有些龅牙，但是她很喜欢舞台，喜欢唱歌，从小就梦想自己将来能成为一位歌唱家。后来，她到新泽西州的一家夜总会里表演，每一次公开演唱的时候，她都想把上嘴唇拉下来盖住她的牙。她想表演得"很美"，可是她唱歌时的怪模样让她大出洋相。她很难过，觉得她的梦想是无法实现了。

可是，在夜总会听歌的人中，有一个人觉得她非常有天分。"我跟你说，"他很直率地说，"我一直在看你的表演，我知道你想掩藏的是什么，你觉得你的牙长得很难看。"这么坦率的话让女孩觉得很难为情，不过那个人又继续说道："但我不认为长了龅牙就不能唱歌了，所以你不要去遮掩，张开你的嘴勇敢地唱，观众欣赏的是你的歌声。那些你想遮起来的牙齿，说不定还会带给你好运呢。"

女孩听了觉得心里一惊，但她还是接受了他的忠告。再往后，她唱歌时只想到观众，不再去注意自己的龅牙，她张大了嘴，热情而高兴地唱着，后来，她成为电影界和广播界的一流红星。她的名字叫凯丝·达莉。

这个世界上不是所有的东西都让人满意，其实缺憾也是一种美，就如同那断臂的维纳斯。人只要把缺陷、不足这块堵在心门上的"石头"去掉，不要过分地去关注它，它们也就不会成为你的障碍了。

人在各个年龄阶段，对人生与社会的看法都会有所不同。随着阅历积累，会有新的感悟与心得，所以说没有苛求的人生才豁达。古人说："三十而立，四十而不惑，五十知天命，六十而耳顺。"这段话大致说出了人的思想历程。人只有爱自己，才能爱自己的生活，才能不苛求自己，才能不自寻烦恼。所以，多给自己一份宽容，就会有更多的快乐和更大的幸福空间。

　　有一个年过不惑的人，他前半生经受了诸多磨难，也无一官半职，但他却对自己的一切十分满意。在一次闲聊中，他说："人生只有短短几十年，何必太计较得失进退？把一切看开一些，少些欲望，也就少些失望，多些满足。你看我虽然地位低微，不也活得很好吗？心态好，身体好，何乐而不为呢！"

　　这个人并非是因为无奈而故作轻松，反而他在工作上一直兢兢业业，待人热情大方，经过了无数磨难的考验，才进入如此练达的境界。

　　人生在世，坦然接受自己是至关重要的。"不要苛求自己"说起来容易，做起来却不容易，因为社会中充斥着不公平，而不公平的事落到谁头上，谁都会心理不平衡。

　　"春有百花秋有月，夏有凉风冬有雪，若无闲事挂心头，便是人生好时节。"人生在世看开一些，不用太在乎别人的看法，也没有必要为自己的错误而懊恼，更没有必要为别人的错误而生气惩罚自己，生气除了让自己受到伤害，没有任何益处。因此，心态包容，人生就会洒脱。

有位女士生活非常"忙碌"，有时候甚至忙得忘了自己是谁。直到一次偶然的聚会，才让她彻底改变了自己像车轮一样的生活。

在一次出差途中，她结识了一位女士。这位比她大好几岁的女士皮肤光亮，一头秀发清新可人，看起来反而比她还年轻。对比之下，这位女士心里有一种说不出来的酸楚。她回想自己自从走上经商之路后，在商海里苦苦挣扎，经常是忙得一天都没正经吃一顿饭，有时为了赶时间，只用清水抹一把脸，连镜子都顾不上照一照，常常是累了一天回来就上床睡了，熬夜更是家常便饭，久而久之，岁月流逝、年华不在，昔日的"讲究人"变成了"邋遢人"。

这位女士说：我总在为家事，为生意，为生活，甚至为别人操劳费心、生气郁闷……回头想想，我现在在别人眼里已经有点像唠唠叨叨、凡事较真、动辄生气的家庭妇女。我这不是自己跟自己过不去吗？

人可以为追求目标而努力，但不应该为不值得的事情过度操心、忧愁或不快，因为这是自己跟自己过不去，没有太大的必要。

人若要快乐，就会有千千万万个快乐的理由；人若要烦恼，同

第四章　幸福生活靠自制

♣

样也有千千万万个烦恼的理由。

贫穷的时候，你常常会说"钱够用就行了"；但是当你比较富有的时候，你却还是会觉得钱不够用，因为"够用"本来就没有一个具体的衡量标准，物质的追求永远都是没有止境的。贫穷的人会说缺钱用，但是许多富有的人同样也会说钱不够花。人应该明白，知足方能常乐，如果总是不知足，就永远都不能静下心来体会生活，就会在不停的忙碌中忘记生活本来的意义。人要想获得快乐，体会生活赋予的幸福，必须心存满足感，不能与自己为难。

柠檬是酸的，如果放着柠檬和葡萄让人们选择，当有人得不到葡萄的时候，他就会认为自己的柠檬比葡萄甜，因此可以减少内心的失望和痛苦，这就是"甜柠檬心理"。这是一种健康的补偿心理，因为每个人都有自己的"柠檬"，到底是酸的还是甜的，取决于自己的看法，不能求全责备。

人人都有自己的优点，不要总是苛求自己、苛求生活，人要善于发现自己的长处和闪光点并加以发挥，这样才能找到属于自己的快乐。

过于追求完美的人，是因为对自己要求过高，凡事要求十全十美，希望一切事情都在自己的掌控之中，如果没能达到自己预定的目标，便把问题归咎于自己或别人，这无形中便成了自己的负担——过于在意别人的看法和自己曾经犯过的错误，久而久之，心胸越来越狭窄，爱苛责自己和别人，也越来越爱生气，经常和自己或他人过不去。人适当地自责是有责任感的表现，但自责过度将会给自己制造很大的心理压力。

人生旅途中会有荆棘丛生，沼泽满地，会有磕磕碰碰、跌跌撞撞的时候。如果遇上这样的情况，应该顺其自然，勇于面对，没有必要自怨自弃，痛苦不堪，而战胜自怨自弃情绪的关键就在于坚定信念，欣赏自己，肯定自己，不求全责备。

肯定自己，坦然接受自己的弱点，是对自己的认可，是对自我的接纳。人只有肯定了自己，才能客观地评价自己，心平气和地接受现实，乐观向上地生活。

一个小男孩头戴棒球帽，手拿球棒与棒球，全副武装地走到自己家中的后院。

"我是世上最伟大的击球手！"他自信地说完，便把球扔到空中，然后用力挥棒，结果却打空了。不过他毫不气馁，把球从地上捡起来，又往空中一扔，然后大喊："我是世界上最厉害的击球手！"他再次挥棒，结果仍然落空。小男孩愣住了，他又仔细地对球棒与棒球进行了一番检查，然后再一次把球扔向空中："我是最杰出的击球手!"可是第三次的尝试依然以失败告终。

在这种情况下,这个孩子非但没有气恼,反而兴高采烈地从地上高高跳起:"我是一流的投球手!"他继续欢呼。

小男孩勇于尝试,不断给自己打气、加油,使自己信心十足,尽管他一次都没有成功,但是他却不抱怨、不伤心、不生气,也没有一蹶不振,反而能从另一种角度来"欣赏自己",相信自己经过不断努力一定会获得成功。

生活中很多人不会像那个打棒球的小男孩一样换个角度来欣赏自己。倘若一个人自己无法欣赏自己,自己看不起自己,那么,这个人怎么可能有好心情呢?因此想要快乐,就要相信自己,随时为自己鼓掌。

如果你能够欣赏自己,连太阳、云朵、小鸟、花草都会跟你一起笑,你的世界就会变成一个欢乐天堂。别忘了,在生命中不管遇到什么困难,都不要失去脸上的笑容。生活给予一个人的,当然不会永远是肯定,责难、讥讽和嘲笑在所难免。这时,一定要学会从自我激励中激发自信心,化怒气、怨气为和气。

生活中不可能处处都是鲜花和掌声,成功之路也不可能是一帆风顺,人也不可能事事都比别人强。在人生出现一些挫折的时候,在面前没有鲜花和掌声的时候,怎么办呢?不妨后退一步,不再苛责自己，接受这种不完美的现实，再想办法，争取峰回路转就可以了。比如单位里评职称，自己没评上，这时不要生气，要接受这个现实，换个观念想想：这次差一点儿，再努力一年，下次还有机会！

生活中每个人每天都背着各种担子：疑惑、杂念、妄想、烦恼等等，久而久之，就会被压得喘不过气来。人之所以烦恼，是因为想追求的追不到，比如职位不够高、金钱不够多、身体受病痛煎熬、人情世事处理不太好、想找相爱的人却一直找不到……

凡事都计较，凡事都放不开，凡事都压在心里，人就会很辛苦。而过分地求全责备，只会徒增不愉快，因为求全责备的生活态度，必然产生"情绪偏差"，必将在无形中给自己增添许多难以忍受的烦恼。因此静下心来，让心安宁，就能看到美丽的风景。

知足方能常乐

古人云："兰槐之根是为芷，其渐之滫，君子不近，庶人不服。"这句话是说本来是上等香料的芷，如果被浸泡到臭水之中，就会变臭,使得人们远离它。这是因为芷内心不定,容易受到外界的滋扰,如果能做到内心安定,必能保持自身的清新,就如出得淤泥的荷花,亭亭直立,花香四溢。所以,人在面对恶劣的环境时,一定要洁身自好,做到出淤泥而不染。世界上最肥沃的土地是人的心灵,只要人心灵纯净,就不会道德沦丧,做事失去底线。

一个人如果过于执着于名利,就会很痛苦。只有做到心无外物,才能保持本我。许多人沉迷于物欲,甚至执着于一些并不属于自己的东西,拼命追求身外虚无缥缈的事物,于是不断受挫,承受一次又一次的伤痛,长久下去,心灵终会被痛苦充斥。

心理学中有一个经典的实验:实验者为一群4岁的孩子准备了好吃的糖,同时告诉他们如果马上吃只能吃到一颗,如果等20分钟再吃就可以得到更多的糖。有的孩子禁不住诱惑马上把糖吃掉了,但更多的孩子耐住了性子,从而得到了更为丰厚的补偿。

实验者通过跟踪观察发现,那些以坚韧毅力获得更多的糖的孩子表现出更强的适应能力,他们的忍耐力和拥有坚定信念的精神比那些禁不住诱惑的孩子更胜一筹。这就是著名的"延迟满足效应"。

在《世说新语》中记载了这样一个故事。

有一个叫王恭的人,从会稽回家后,同宗前辈王忱去看望他,看到他坐在一张六尺长的精致竹席上。王忱觉得竹席新奇漂亮，马上动了贪心，他对王恭说："你从会稽那边回来，能弄到这种新鲜漂亮的好东西，不妨送一张给我。"

王忱走后，王恭让家人把自己坐的那张竹席卷起来给王忱送过去。但王恭家中没有多余的席子，只好铺草垫坐在上面。后来王忱听说这件事，非常惊讶，又觉惭愧，就跑来对王恭说："我本来以为你有多余的席子，所以才向你要的。"

王恭回答说："你不了解我，我在生活上不喜欢多余的东西。我认为，只有减少了物质上的累赘，才会有心灵上自由自在的空间，简单是真正的幸福啊。"

人在一生中实际"需要"的东西并不多，而"想要"的东西则太多太多。有多少人为了得到"想要"的东西而吃不好睡不好，搞得自己的生活一团糟，心灵也受到极大的伤害。放不下的执着其实是人生的大敌。

淡泊名利是一种宽广博大的胸怀，是一种包容一切的气概。要做到淡泊，讲究的是心态，体现的是智慧。"弓过盈则弯，刀过刚则断"，能淡泊名利的人是大智大勇的人，绝不是头脑发热的莽夫。因为优秀的人，不仅明白"做什么"，还明白"不做什么"。

小刘大学毕业后，在一家信息公司工作了两年，自认为在业务

♣

与资历方面都有了长足的发展，就不免有些飘飘然。后来小刘被人事部调至一个新部门，部门里的老张引起了他的注意。

在小刘眼里，老张就是他的对手，公司里许多有胆、有识、有为的年轻人都是在跟老张的"较量"中纷纷落马。所以当小刘知道自己要和老张搭档时，极度自负的他有一种将遇良才、棋逢对手的感觉，大有和老张一决胜负之势。小刘觉得自己始终占据着各方面的优势：年轻、博学、新潮、反应灵敏、懂电脑、懂英文，这些优势都是老张不具备的。除此之外，小刘觉得自己和领导关系好，又擅长处理同事关系，交游广阔，朋友遍天下。

小刘决定，第一天上班就给老张一点"颜色"看看。他的新部门是公司策划部，就是现在流行的企业形象策划、广告企划部门。在信息公司，这是一个举足轻重的部门，是老板最为重视、直接领导的一个部门。在讨论公司一个方案的可行性时，只要老张一开口，小刘就立即提出反对意见，让大家一眼就看出老张观念之落伍、学识之陈旧。

接下来的几天，小刘迅速而果断的办事能力几乎让所有的同事都发现了老张在工作中的劣势。老张几次头上冒汗，口中念叨着"老了，老了"。但就在小刘趾高气扬时，却发生了一件改变局面的事情。

有一天老张领了一个人来找小刘，让小刘给他安排工作。老张故意让小刘打断那个人的话，然后接着说这是他孙子的老师。小刘为了让老张尽失颜面，故意把那人刁难一番，横挑鼻子竖挑眼。

第二天，董事长把小刘叫去，小刘才知道他刁难的那个人是董事长的一个朋友。从此以后，董事长对小刘心存偏见，把他调去了一个无关紧要的部门，部门经理对他也不理不睬。

小刘怒气冲冲地找老张质问，老张说人要想不办错事，就一定要先学会尊重人。小刘不得不感叹："姜还是老的辣。"

这位年轻人的故事印证了职场一大定律：以针尖对麦芒之势对待竞争对手，也许会出一时之气，但在同事眼里这常常会变成一场闹剧或背后议论的话题，而此时自己的形象在他人眼中绝不会很好。别以为与竞争对手的争辩是在显示自己的伶牙俐齿，别以为为了个人利益而大动肝火是显示自己的聪明才智，这会让人觉得你是计较得失之人，会让别人觉得你没有礼貌，是难以相处的人，因此会疏远你。与自己的竞争对手发生正面冲突，看似聪明，其实也是愚蠢的做法，不仅会招致竞争者的非议，更会给上司及同事留下负面印象。

叔本华说过，一个人的欲望如果太过强烈，就不是对自己存在的肯定，而是否定或取消别人的生存。法国杰出的启蒙哲学家卢梭曾对物欲太盛的人做过极为恰当的评价，他说："十岁时被点心、二十岁被恋人、三十岁被快乐、四十岁被野心、五十岁被贪婪所俘虏，人到什么时候才能只追求睿智呢？"

"立身莫被浮名累，涉世无如本色真。"修心修性是一种高尚的追求。人有了这种境界和追求，才会少了扰心的杂念和私欲，才没有了种种顾虑和担忧，才没有了尔虞我诈和钩心斗角，才会卸载思想的负担，让心灵长出翅膀，变得自由自在、无牵无挂。人生好像一条河，有其源头，有其流程，有其终点。不管生命的河流有多长，最终都要到达终点，流入海洋。生命是有限的，所以活着的时候，少一点儿欲望，多一点儿快乐，何乐而不为呢？

第二次世界大战期间，科学家爱因斯坦为躲避法西斯的迫害，移居美国。普林斯顿大学以最高年薪1.6万美元聘请他，但他却说："能否少一点？3000美元就够了。"有人对此大惑不解，他解释说："每件多余的财产，都是人生的绊脚石，唯有简单的生活，才能给我创造的原动力。"直到生病住院，他还说："简单的生活，无论对身体还是精神，都大有裨益。"

其实，爱因斯坦一生的成就离不开他这种简单的生活态度，正是这种生活态度，才让他不被世俗的负荷所累，才使得他能够更加专心地做自己的研究。

"木秀于林，风必摧之"，急流勇退即使会有遗憾，但会减少许多烦恼。对于世间万事万物，不可能事事都有绝对的把握，如果刻意去追逐，就很容易掉进欲望的深潭，人生那种不由自主的悲哀和愤懑会更加沉重！

"身后有余忘缩手，眼前无路思回头"，这是《红楼梦》第二回中，贾雨村在维扬（今扬州）的智通寺门上看到的一副对联。这是一副深刻洞察世情的佳对，可现在还有多少人能理解并接受呢？"有余"之时不思"退路"，"无路"之时"再回头"又怎能够呢？

西方哲人说："人在得不到自己想要的东西的时候很痛苦，但在得到自己想要的东西以后，会更痛苦。这就是不知足。"贪婪是个美丽的"陷阱"，落入其中者必将害己，无法自救。因此，千万别等自己老了，已经尝过了人世间的酸甜苦辣，回望人生时才知道修心养性的重要性，才为没有知足常乐而悔恨，从现在就提高对名利、金钱以及其他诱惑的免疫力吧，做个知足常乐的人。

第五章

求同存异广交友

责人之前先自省

"互悦效应"也称"对等吸引定理",即人们通常所说的求同存异才能两情相悦。在人们的交往中,这是一种很自然的心理规律,许多人把"互悦效应"解释为:在人际交往中,如果你想受到别人的欢迎,或者想让对方支持、同意你的观点,仅仅提出自己的良好建议是不够的,还必须懂得求同存异,即首先要宽容别人。"互悦效应"是一种正面情绪,既可鼓励自己,又可争取他人的理解和支持。

人的交往贵在与人为善、宽以待人,这样,人与人之间才能"互悦",才能建立和谐的关系。常言道"有容德乃大",宽容是一个人道德水平高的表现,这不仅说明一个人豁达大度,胸怀宽阔,而且也意味着一个人具有兼容并包的智慧。

"互悦"是一种涵养,是一门交往的艺术。它像一种"润滑剂",既可以"润滑"彼此的关系,又可以"消除"彼此的隔阂和猜忌,增进彼此的了解,使彼此关系融洽。

拿破仑在长期的军旅生涯中养成了宽容他人的美德。作为全军统帅，他虽然经常批评士兵，但他从来不是盛气凌人的，他能很好地照顾士兵的情绪。士兵往往对他的批评欣然接受，而且充满了对他的热爱与感激之情，这大大增强了他的军队的战斗力和凝聚力，使其成为欧洲大陆的一支劲旅。

　　一次，在征服意大利的战斗中，士兵们都很辛苦。拿破仑在夜间巡岗查哨的过程中，发现一名巡岗士兵倚着大树睡着了。他没有喊醒士兵，而是拿起枪替这个士兵站起了岗，大约过了半个小时，哨兵从沉睡中醒来，他认出了站在自己旁边的是最高统帅，十分惶恐。

　　拿破仑却不恼怒，他和蔼地对士兵说："朋友，这是你的枪，你们艰苦作战，又走了那么长的路，你打瞌睡是可以谅解和宽容的，但是眼下，一时的疏忽就可能葬送全军。我正好不困，就替你站了一会儿岗，下次你一定要小心。"

　　拿破仑没有破口大骂，没有大声训斥士兵，没有摆出元帅的架子，而是语重心长、和风细雨地批评了士兵的错误。有了这样大度的元帅，士兵怎能不英勇作战呢？如果拿破仑不宽容士兵，那后果只能是增加士兵的逆反情绪，削弱军队的战斗力。

　　宽容要求人们"已欲立而立人，已欲达而达人"，自己要站得正，要有君子的风度，这样才能以德行去感化别人。"君子成人之美，不成人之恶"，是以道德修养为前提的。

世界上任何人际关系都不会尽善尽美，无论是患难之交还是萍水相逢，"交好"都是相对而言。用"互悦"的眼光看待他人，才能让事业、家庭和友谊更稳固、更长久。

那么，"互悦"究竟应当"悦"些什么呢？

一是悦人之长。

人各有所长。取人之长补己之短，才能互相促进，事业才能发展。刘邦在总结自己成功经验时说的那段话很发人深省："夫运筹于帷幄之中，决胜于千里之外，吾不如子房；镇国家，抚百姓，给饷馈，不绝粮道，吾不如萧何；连百万之众，战必胜，攻必取，吾不如韩信。此三者，皆人杰也，吾能用之，所以取天下也！"

善于用人之长，首先是能容人之长。总忌妒别人的长处，就会为自己埋下生气的种子，于人于己都是不利的。

二是纳人之短。

金无足赤，人无完人，接纳不了别人的短处势必难以共事。人各有缺点、短处，这都是客观存在的，聪明的人不会计较他人长短，而是把"求同存异"作为处理人际关系的准则。

三是容人之"性"。

由于人们的家庭出身、社会经历、文化程度不同，性格必然有所差异。因此，要能够接纳各种不同性格、不同类别的人，这是最基本的"容人"之道，离开这一点，其他的"高风亮节"就无从谈起。

四是不计他人之仇。

这是宽容的最高境界，是一种高尚的品德。齐桓公不计管仲一箭之仇而封其为相的故事，向来为人们所津津乐道，这就是宽容之德的最佳体现。

管仲是春秋初期齐国著名的政治家，他"相桓公，霸诸侯，一匡天下"。而管仲的成就，与鲍叔牙知人让贤的品格和齐桓公不记前仇的气量是分不开的。

鲍叔牙与管仲年少时就是好朋友，互相都很了解。鲍叔牙曾与管仲合伙做生意，鲍叔牙本钱出得多，管仲出得少，但在分配利润时管仲却总是多要。鲍叔牙并没有觉得管仲自私，而是认为管仲家里穷，要多一些没关系。后来，鲍叔牙当了齐公子小白的家臣，管仲当了齐公子纠的谋士。

公元前689年，齐国国君无知在雍林被杀。当时流亡在莒国的公子小白与流亡在鲁国的公子纠，都急于回国争夺君位。公子纠的谋士管仲认为，莒国离齐国都城近，如果小白先到，争夺君位就没希望了。于是管仲带了一支精兵，先赶到由莒往齐的必经之路进行拦截。不久，有一队车马奔驰而来，管仲估计是小白来了，忙驾车上前参见，乘小白答礼而无防备的时候朝小白射去一箭，小白"哎呀"一声，倒在车上，管仲见大功告成，策马飞驰而去。其实，这一箭恰巧射在小白的带钩上，小白知道管仲箭法厉害，急中生智，应声而倒。待管仲走后，小白马上沿小路疾驰，直奔齐都。最终小白成功即位，成了后世所说的齐桓公。他任命鲍叔牙为统帅，以讨伐公子纠为名向鲁国进发。

鲁庄公在齐国大军压境的情况下，只好按齐国提出的要求，将公子纠杀了，将管仲囚禁引渡齐国。桓公要任命辅佐有功的鲍叔牙为国相，鲍叔牙推辞不受，并一再推荐管仲。鲍叔牙说："我有五点不如管仲：论对民宽和，使民富裕，我不如他；论治国严谨，不失国家主权，我不如他；论团结人民，使百姓心悦诚服，我不如他；论制定礼仪，使人人都能遵守，我不如他；论临阵指挥，使将士勇往直前，我不如他。"鲍叔牙恳切地指出："如果要建立霸业，必须有管仲的辅佐。"桓公本来要报管仲的一箭之仇，但听了鲍叔牙之言，决定起用管仲。他亲自给管仲解开镣铐，任命管仲为大夫，让他主持国家政务。

管仲之所以能充分发挥自己的才能，为齐国强盛做出重大贡献，在很大程度上是因为鲍叔牙对他的了解、信任和推崇。管仲所取得的成就，与鲍叔牙知人让贤的容人之心和齐桓公不计前仇的气量是分不开的。尤其是齐桓公不计前嫌，给予管仲毫无保留的信任，这也是他辅佐桓公最终能够成就霸业的原因。

　　世间因为有了宽容而爱意浓浓，宽容是一种做人的智慧，是一种境界。懂得宽容的人是明智的，学会宽容别人，也就懂得了宽容自己；学会互悦，也就学会了尊重。

　　希望别人善待自己，就要接受别人与自己的不同，哪怕是反对的意见。善待别人，为人处世将心比心，就是给人以尊重和理解、关怀和关心，如果能做到这一点，再难相处的人也能被你的宽容所感化，被你的"互悦"所感动，双方在交往的过程中就不会滋生事端而会其乐融融。

　　气由心生，在与人交往的过程中，若别人未能满足自己的需求或做了对不起自己的事情，切不可怀恨在心。我们应该牢记：人际相处的智慧就是求同存异的智慧，要尊重别人的意见，永远不要轻易地去指责对方的错误，不要妄图把自己的观点强加于人，不要党同伐异，做到这些，这才是避免生气、获得良好人际关系的良方。

心理学上有一个"墨菲效应"，说的是人不求无过，但求改过。"墨菲效应"告诉我们：容易犯错误是人类与之俱来的天性，不管科技多么发达，都不可能避免错误的发生，所以我们在做事情之前应该尽量考虑得周到、全面一些，如果真的发生了错误也并不可怕，不要指责别人，责备自己，要及时总结经验教训，找出改过良方，使自己不再重蹈覆辙。

　　富兰克林年轻的时候十分好辩，只要发现身边的人说了不正确的话或者做了不正确的事，他就忍不住要给人指出来。如果那个人不服气，他一定会把那个人批评得体无完肤，结果因此得罪了不少人。

　　一天，一位教友会里的老教友把他叫到一边，把他严厉地批评了一顿："富兰克林，你太不应该了。你打击跟你意见不合的人，现在已没有任何人听你的意见了。你的朋友发觉你不在场时，他们会获得更多的快乐。因为你知道得太多了，以至于再也不会有人告诉你任何事情……如果你继续这样固执己见，刚愎自用，那除了现在你极为有限的知识外，你再不会知道其他更多的知识了。"

　　富兰克林接受了老教友的批评，认真反省自己，最终改正缺点，获得了成功，成为美国历史上一位以能干、和蔼和善于外交而闻名的人物。富兰克林深深知道，自己如果不痛改前非，将会遭到社会的唾弃，所以他把过去不切合实际的人生观完全改了过来。后来，富兰克林在他的自传中这样写道：

"我替自己定了一项规则，我不再固执于自己的见解。凡是包含绝对语气的词，像'当然的''无疑的'等等，我都不再使用，而改用'我推断''我揣测'或者是'我想象'等词语。当别人语气肯定地指出我的错误时，我放弃了立刻反驳对方的做法，而是做婉转的回答。不久之后，我就感觉到了我态度的改变所带来的益处：我参与任何一场谈话的时候，都感到更融洽、更愉快了。我谦虚地提出自己的见解，人们会快速地接受，很少反对。当人们指出我的错误时，我并不感到懊恼。而在我'对'的时候，我更愿意劝阻人们放弃他们的错误，接受我的见解。我刚开始尝试这种做法时，内心是有很激烈的抵触情绪的，但后来很自然地形成习惯了。在过去五十年中，已没有人听我说出一句武断的话来。在我想来，正是由于养成了谨言慎语的习惯，所以我每次提出一项建议时，都能得到人们热烈的支持。"

一个人如果懂得自省的为人处世的态度，不仅交友顺利，而且也能很好地融入集体之中。

纽约的玛霍尼出售煤油业专用的设备，长岛一位老主顾向他定制了一批货，那批货的制造图样已呈请批准，机件已开始制造，可是一件不幸的事忽然发生了。

原来，这位买主在订好货后，跟他的朋友们谈到这件事，朋友们都说这批机件不合适，纷纷指出了许多需要改进的地方。他听朋友们这样讲，顿时感到烦躁不安起来，立即打了个电话给玛霍尼，说他拒绝接受那批正在制造中的机件设备。

玛霍尼这样描述当时的情形：

"我很细心地查看，发现我们生产的产品并没有问题。我知道他之所以突然拒绝收货，是因为他和他的朋友们不清楚这些机件的制造过程。可是，如果我直率地说出那些话来，不但不能挽回这笔生意，反而会得罪客户。所以我去了一趟长岛。

"我刚进他的办公室，他马上从座椅上跳了起来，声色俱厉地指责我，像要跟我打架似的。最后他说：'现在你打算怎么办？'我心平气和地告诉他，他有什么打算，我都可以照办不误。我对他这样说：'你是我的客户，我当然要满足你的需求，请你再给我一张图样，虽然我为这项工作已花去两千元，但我情愿牺牲两千元，把已经生产出来的产品全部作废，按你提供的图样重新生产。不过我必须把话先说清楚，如果我们按你现在给的图样制造，再有任何错误的话，那责任在你，我们不会负任何责任。可是，如

果按照我们的计划生产，那出了任何问题都由我们全部负责。'

"他听我这样讲，怒火渐渐平息下来，最后他说：'好吧，生产还照常进行好了，如果有什么不对的话，只好求上帝帮助你了。'

"结果，还是我们做对了，现在他又向我们订了两批货。"

尽管那位主顾一开始对玛霍尼声色俱厉，几乎要向他挥拳，指责他不懂自己的业务，但玛霍尼表现出了强大的自制力，尽量不跟对方争论。如果当时玛霍尼告诉那位老主顾是他犯了错误，并开始与之争论起来，相互指责，说不定事情会越闹越大，还可能诉诸法庭，而其结果不只是双方都起了恶感，而且双方都会蒙受经济上的损失，同时玛霍尼还会失去一个极为重要的主顾。明智的玛霍尼认为，如果直率地指出别人的错误，可能于人于己都是没有好处的。与其责怪别人，不如反省一下自己更为有效。

纽约泰洛木厂的推销员克劳雷，这些年来一直在说木材检查员的错误，他常在争论中获胜，可是没有因此得到过一点好处。相反，克劳雷好争辩的毛病已经给木厂造成了上万元的损失。后来他决定改变他的习惯，不再争辩了，结果如何呢？请看他自述的一段经历：

"有一天早晨，我办公室的电话铃响了，那是一个愤怒的客户打来的，他说我们送去的木材完全不适用。他们的工厂已停止卸货，并且要求我们立即设法把那些货从他们工厂运走。他们的木材检查员说："木材在标准等级以下，在这种情形下，我们拒绝收货。"

"我知道这情形后，立即去了他的工厂。在路上，我就在心里盘算，处理这件事的最好方法是什么。平常我在遇到这种情形时，会列举木材分等级的各项规则，同时以我自己做检查员的经验和常识，来获取对方检查员的信任。我有充分的自信，木材是合乎标准的，是那位检查员误解了规则。可是，我并没有这么做。

"我到了那家工厂，看到采购员和检查员的态度都很不友善。我到他们卸木料的地方，要求他们继续卸货，以便让我看看问题出在什么地方。我请那位检查员把合格的货放在一边，把不合格的放在另一边。

"我看了一阵子后，发现那位检查员似乎过于严格，而且弄错了规则。这次的木料是白松，但我发现那位检查员只学过关于硬木的知识，对于眼前的白松并不是很内行。而我则对白松知道得最清楚，当时我在犹豫：我是不是应该直截了当地指出那位检查员的错误？后来，我并没有那样做。

"我试探地问他那些木材不合格的原因是什么。我没有任何暗示，也没有指出是他错了。我只说是为了以后送木材时不再发生错误，所以才发问。

"我以友好的态度跟那位检查员交谈，同时还称赞他谨慎、能干，说他能找出不合格木材的做法是对的。这样一来，我们之间的紧张气氛渐渐消失，关系也就融洽起来了。

"后来当他再对我们的木材挑三拣四的时候，我会极自然地插进一句我经郑重考虑过的话，委婉地表示这些木材应该是合格的。我说得很含蓄、小心，他的态度渐渐地改变了。最后他向我承认，他对白松之类的木材并不了解，他开始向我请教各种问题。我便向他解释，什么样的木材是合乎标准的木材。

"我走后，这位检查员又将全车的木材检查了一遍，而且全部接受下来，同时我也收到一张即期支付的支票。"

可见，如果一个人不以牙还牙，不针锋相对，不轻易地指责他人，不仅能够避免一定程度的损失，还会给对方留下好感，这是用金钱都换不来的。

有一天，一个经理走进办公室时，突然听到一阵奇怪而且很尖锐的声音。员工在工作时间居然做别的，这让他非常愤怒，于是他连手上的包都顾不上放下，就急匆匆挨个去查看各个部门，预备要把那个制造噪声的家伙好好骂一顿。可是出人意料的是，无论他走到哪儿，都能听到那令人心烦的声音。更奇怪的是，他居然在任何部门都没发现制造噪音的人。当他焦躁地坐在自己的位子上放下手中的包时，突然发现了声音的源头——手机。由于前一天晚上忘记充电，现在手机的警报器在提醒他充电。

人不可能不犯错误，当一个人犯错或妄自尊大时，一定要用自省力提醒自己，敢于面对并承认自己的错误。责人之前先反躬自省，这样才更有利于你与他人交往。

放下心中的怨恨

"刺猬效应"一词来源于西方一则寓言：在寒冷的冬季，两只刺猬因为寒冷彼此拥抱在一起，但是由于它们各自的刺而扎得对方很疼，双方都非常不舒服。因此它们必须保持一段距离，可是这样它们又冷得难受。就这样，它们分分合合多次，最后终于找到了它们都感觉满意的合适的距离，既可以相互取暖，又不会被彼此的刺所伤。

"刺猬效应"强调的是人际交往中的心理距离。"刺猬效应"

让人们知道，人与人在交往过程中是要给对方留下些私人空间的，即使双方关系再亲密，也不能幻想把对方完全掌握在自己的手中，让其完全按自己的愿意行事。

在我们的生活中，一些曾经爱得死去活来、海誓山盟的情侣一夜之间反目成仇，这样的例子实在是太多太多了。还有些人总是执着于过去的美好回忆，一旦深陷痛苦绝望之中，便不能自拔。

人不能接受变化，不能接受失去，是痛苦的根源之一。

现在一些人越来越自私、吝啬，他们丢掉了人性中最淳朴的善良，他们只知索取，不知奉献。

古时候，魏国边境靠近楚国的地方有一个小县，一个叫宋就的大夫被派往这个小县做县令。

住在两国交界处的村民们都喜欢种瓜。有一年春天，天气比较干旱，由于缺水，瓜苗长得很慢。魏国的一些村民担心这样下去会影响收成，就组织一些人每天晚上挑水到地里浇瓜。

连续浇了几天，魏国村民的瓜地里，瓜苗长势明显好起来，比楚国村民种的瓜苗要高不少。楚国的村民看到魏国村民种的瓜长得又快又好，非常忌妒，有些人便晚上偷偷潜入魏国村民的瓜地里去踩瓜秧。魏国村民很愤怒，想去踩楚国人的瓜地。宋县令得到消息后，忙请魏国村民们消气，对他们说："依我看，你们最好不要以眼还眼，以牙还牙，不要去踩他们的瓜地。"

魏国村民们气愤至极，哪里听得进去，纷纷嚷道："难道我们怕他们不成，为什么让他们白白欺负我们？"

宋县令摇摇头，耐心地说："如果你们一定要去报复，最多能逞一时之快，可是以后呢？他们也不会善罢甘休，如此下去，双方互相破坏，谁都不会有好收成。"

村民们不解地问："那我们该怎么办呢？"

宋县令说："你们每天晚上去帮他们浇地，结果怎样，你们自己就会看到。"

村民们按宋县令的意思去做后，楚国的村民发现魏国村民不但不记恨他们，反倒天天帮他们浇瓜，惭愧得无地自容。

这件事后来被楚国边境的县令知道了，县令便将此事上报楚王。楚王原本对魏国虎视眈眈，听了此事，深受触动，于是主动与魏国和好，并送去很多礼物，对魏国有如此好的官员和国民表示赞赏。

魏王见宋就为两国的友好往来立了功，也下令重重地赏赐宋就和他的百姓。

宋就的做法体现了中国传统文化中的以德报怨的智慧，使自己忘却烦恼和痛苦，同时也给他人带来快乐的做法，这种做法值得我们学习。

希腊神话中有一个大力士叫海格力斯，一天他走在路上，看见一个鼓起的特别难看的袋子，就在袋子上狠狠地踩了一脚，谁知那个袋子不但没有被海格力斯这一脚踩扁，反而迅速膨胀起来，并且成倍地越长越大。这激怒了海格力斯，他顺手抄起一根大木棒砸向袋子。此时，袋子竟然膨胀到把路口堵死了。无奈的海格力斯只能呆呆地看着它，正在纳闷，宙斯飞过来对海格力斯说："快别动它了，它叫仇恨袋，你不惹它，它就会小如当初；但如果你不善待它，它就会与你敌对到底，并且变本加厉。"

"海格力斯效应"就是从这个故事中引申而来的。人生在世，人际间的摩擦、误解乃至恩怨在所难免，如果肩上扛着"仇恨袋"，处处与人针锋相对，最后只会堵死自己的出路。人只有与人为善，才有可能化敌为友，广交朋友，拓宽人脉。

谁能说自己一生总是处于顺境？谁都有阴霾满天的日子！当我们遇到人生的"寒冬"，只要我们保持真诚、善良和不屈不挠的坚韧，就一定能熬过寒冷，迎来温暖和希望。在我们处于人生的低谷时，别人的一个微笑、一份默默的关心或者是一个非常微小的善良的举动，也会给我们很大的鼓励和温暖，会帮助我们驱散内心的怨气与愤世嫉俗的阴冷。

杰克和汤姆曾经是好朋友，有一次他们合伙做卖米的生意。他们居住的那条街上有许多米店，大多数店主把米都放在外面，晚上找人看守，他们也和那些店主一样把米堆在商店外面。

可是有一天早上他们起来后发现米少了许多。杰克记得汤姆昨天半夜起来了好几次，他怀疑是汤姆把米转移到其他地方想独吞，因此心中大为不悦。而汤姆说他没有看见那些米，杰克不相信，两人吵了起来。汤姆忍无可忍，动手打了杰克，杰克也毫不示弱狠狠还击，打得汤姆鼻青脸肿。从此他们成为仇人，不再往来。

有一天，杰克要到附近的一个小镇去做生意，一大早推开门发现门口放着一个陶罐，罐里装着几根骨头。按照当地风俗这是不吉利的象征，很晦气。杰克想这肯定是汤姆为了诅咒他生意失败故意放在他家门口的，他非常生气地将陶罐扔到花园里，然后出门了。

那天他的生意很不好，不但没有赚到钱反而亏了不少本。他回到家中给院子里的花松土施肥时，无意中看到那个陶罐，想把它砸碎出气，又觉得很可惜，就顺便移了几株快死的花进去。

过了几天他从外边做生意回来，赚了不少钱。他很高兴地侍弄花草时惊喜地发现，陶罐里开满了鲜花。这让他很高兴，没想到用来出气的陶罐竟给他带来了意想不到的欢乐。看着这些鲜花，他开始为自己狭隘的心胸感到脸红，觉得自己当初不应该迁怒于汤姆，应该心平气和地向他解释。他决定主动向汤姆道歉。

在去汤姆家的路上杰克遇到了邻居，邻居问他说，前一段时间自家的小孩夜里在外面玩，把一个准备泡药的陶罐和一副兽骨药给弄丢了，不知杰克看见了没有。

杰克回家找到陶罐和扔在院子里的兽骨，将它们还给了邻居。奇怪的是当他把东西还给邻居时，邻居又给了他几袋米。原来就在杰克和汤姆把米放在外面的那天夜里，有人要买杰克邻居家的米，黑暗中邻居错把杰克和汤姆的米卖了，等第二天发现时，买主已不知去向。邻居找杰克时杰克已到外地去了，后来邻居就把这件事给忘了。杰克觉得自己错怪了汤姆，他带上从陶罐里采摘的鲜花到汤姆家真诚地道歉。

后来他们重新成了朋友，感情比以前更好了。

每个人都有艰难的时候，艰难的经历实际上是丰富人生阅历的精彩篇章，因为它们能督促人迅速成长。

有一个男人今年31岁了，与女朋友恋爱九年，眼看着快要到预定结婚的日子了，女朋友突然留下一张纸条，与另一个男人走了。了解他的人都知道，他与女朋友的交往过程非常坎坷。

大学毕业后他就在父亲开的工厂里上班，年纪轻轻就当上了部门经理，管理一个重要的部门，一个跟随其父多年的老员工负责培养他、指导他。在毕业后的五年里他认真学习，工作开展得很顺利。

当时追求他的姑娘很多，但他就偏偏看中了从农村来的梅。由于中国传统门当户对思想的影响，开始家里人不同意，他多次与家人沟通，终于得到家里人的支持。后来女朋友身体出了问题，医生说三年之内最好不要结婚，为了女朋友的身体健康，他精心照顾并给予鼓励。经过三年的治疗，梅的病好了。

后来，他又安排女朋友到父亲开的另一家工厂上班，并派她到外地学习了两年。在九年的交往中，他付出了很多，可以说该做的都做了。

后来，他父亲的事业受到了冲击，很多的工厂都赔了本，无奈之下父亲关闭了所有的工厂，他也成为一个失业青年。

就在他处境十分艰难的时候，女朋友梅提出分手，跟着一个新加坡的老板出国了。工厂关闭，女朋友分手，他的心彻底冷了，他气愤于世态炎凉、人心难测，他发现自己是那么的不堪一击。

但他很快从困惑中走了出来，转念一想，女朋友的离去对他来说也并不一定是坏事，至少让他明白了必须努力取得成功才会有人爱自己，也让他明白了不值得爱的人早晚都是留不住的。

不久，他在父亲的一位故交的资助下与父亲一同重新创业，东山再起，并在艰苦创业的过程中，在朋友的撮合下，与一位从英国留学回国的姑娘确定了恋爱关系，双方父母都很满意。在婚礼上他不无感慨地说："如果原先的女朋友不离开我，我可能一生也就平平淡淡地过去了；她的离去使我有了一种从未有过的危机，所以我想，我必须努力，我必须成功，我也找到了真正爱我的人。"

对伤害过你的人，对无情无义弃你而去的人，无须记恨生气，而应换一种心情看问题，应对其充满感激，因为是困难磨炼了你的心志；对欺骗你的人无须怨恨报复，因为是他们让你了解了一个人并对此类欺骗有了戒心；对中伤你的人也无须以牙还牙，因为是他们磨砺了你的人格；对困难中抛弃你的人更无须生气怨恨、耿耿于怀，因为他们会激励你奋发图强。

其实，不仅仅是恋爱中的男女、婚姻中的夫妻，就是两个合作者闹意见，不放手，也只能越闹越僵。人应该放下成见，寻找真心，这样才能拥有一份属于自己的幸福，而你和合作者如果能捐弃前嫌，就能携手共进。

人的生命是有限的，在人生的大海里航行，可能会遇到各种风浪，也可能遇到各色人等。抱怨、愤愤不平是无用的，因为这样做不仅浪费了宝贵的时间，而且还浪费了自己的情感和有限的精力，所以人要从失败和挫折中奋发向上，这样才能追求到真正的属于自己的幸福。

不必苛求完美

"留白"技法是中国山水画中一种特有的绘画技巧，即在画面中留下空白，给人以想象的余地。这种技法看似随意，却以无胜有，给人留下很多想象的空间，真正达到无声胜有声的效果。

这样的原理也可以运用在我们的生活中。人在感知世界的时候，如果能接受自己的不完美，如果懂得使用"留白效应"，就会得到正面的心理暗示，从而保持乐观积极的生活态度。

林语堂说："看到秋天的云彩才能明白，原来生命不能太拥挤，时时处处追求完美反而会更加不完美。"的确，生活需要留白来缓冲、沉淀，让奔波太久的人停下来，看看周围的风景，品品生活的滋味；让那些羡慕别人的人放下羡慕，转而看看自己拥有的幸福。每个人的生命都只有一次，过好自己的生活最为重要。

绘画上的留白能带给欣赏者无限的遐思，而人如果能正视自己的不完美，就会充满智慧和宽容，就能带走心灵的尘埃，让生活更加洒脱和舒心。

一个人如果过于追求圆满，人生不留一点空白，就不会有五彩斑斓的期待，就不会有对未来的美妙向往。

世上没有十全十美的事，也没有十全十美的人。如果你非得在生活中苛求完美，那么等待你的将是无尽的烦恼与遗憾。因为苛求完美的人总是盯着别人和自己的缺点，容不下任何的微瑕与不足，看不到自己和他人的优点，所以常常为不能实现自己的愿望而感到烦恼无穷。

一位记者去采访两位颇有名气的画家，请他们谈谈如何发现并创造美。其中一位画家说道："追求和发现美，是每个画家梦寐以求的事，将它们诉诸笔端，现于画纸，更是每个画家的神圣职责所在，当数义不容辞！"说到这里，他不无惋惜地摇了摇头，十分失望地说："恕我直言，我对自己非常不满意。虽然我跋山涉水，历尽千辛万苦，到过世界很多地方，不管是游历也好，观光也罢，然而，我从来没有找到那股激情，也就是说，没有找到令我下决心画下来的完美素材。"

画家说到这里，对记者举例道："比如在画每张面孔时，我都或多或少地发现了这样或那样的瑕疵，可以说我的追寻不过是一场梦而已，徒劳而无功。你想，这样充满缺陷的面孔，怎能构成完美绝伦的画卷？"

这位画家连连摇头表示无可奈何。而与他齐名的另一位画家，却平淡地对记者说："我从不把我当成一位艺术家，也没有到国外去追寻什么灵感，我只是置身大众之间，与他们融为一体，与他们同哭同笑，结果我发现我画的任何一张面孔都不是微不足道或者一无是处的，我总能在其最普通、最平凡的地方，发现美的、与众不同的东西来。"

这位画家深情地说："我所画的他们的每张面孔，都是一件艺术珍品，是一尊维纳斯像。"说到这，画家的脸上呈现出圣洁的光辉，他说："这些已让我深感快乐，即使我不是一位艺术家，也能生活在他们之中，我心满意足了！"

同样是谈如何在生活中发现美、创造美，苛求完美的画家看到的是这样或那样的瑕疵，而善于发现美的画家却从生活中找到了一件件艺术珍品，发现了一尊尊"维纳斯像"。可见，不同的心态和审美观所产生的效果，有多么不同。

俗话说，纵是白玉也会有微瑕。人过分地追求完美，会让自己产生一种无法实现的落差。这种落差会导致人的悲观情绪，使人

♣

陷入矛盾的心理旋涡。所以，人要向前看，不能只看自己的缺点，要善于从生活中发现美，挖掘美、创造美，这样才能使自己的人生变得更加多姿多彩，心理更加健康。

人的一生，总是围绕着学业、事业、爱情、婚姻、家庭忙忙碌碌，经常会遇到两难的选择，选择时会产生失意、压力、痛苦、无奈、挣扎等情绪，人的感觉也会被各种烦恼纠缠着。生活中，大人物有大人物的烦恼，小人物有小人物的忧愁，正如老话说得好——"人生不如意十之八九"，人生就是甜酸苦辣咸五味俱全。

没有谁的人生是完美的，人的烦恼就像风雨雷电等恶劣的天气一样，会时不时会出现在人们的生活中。面对风雨雷电，人们制造出了雨伞、避雷针等防护用具，而面对烦恼，很多人却束手无策。其实乐观、积极就是面对烦恼的"雨伞"、"避雷针"，俗话说"哭是一天，笑是二十四小时"，可见学会调节情绪是很重要的。

鹞子天生能发出一种动听的尖叫声，但当它听见马嘶叫后，觉得非常好听，十分喜欢，便努力地去学马的嘶叫声，最终不但一点没学会，而且连自己原来的叫声也不会了。

完美，是人们孜孜不倦追求的目标，但是在现代社会中，越来越多的人被"完美"压得喘不过气来。月盈则亏，水满则溢；荣辱相依，福祸相倚。所谓"金无足赤，人无完人"，世上没有哪一件事是十全十美的。对于无法改变的缺陷，我们要顺其自然，不能因缺陷而痛苦，应乐观积极地生活。要知道，你不缺少的东西，可能正是你没有的东西；而你没有的东西，也可能正好就是你本来不缺的东西。

有一个年轻人，待人彬彬有礼，做事非常勤奋，可以说是德才兼备。但是，他却一直苦恼于自身的缺陷——他只有一只胳膊，另一只胳膊在一次上山砍柴时摔断了。从此以后，他就总觉得自己低人一等，看见别人都四肢健全生龙活虎，他实在抬不起头来。为了战胜这种苦恼，他便努力学习，每当徜徉于书的海洋中时，他很快就可以物我两忘。但是，一旦放下书本，那种极端的痛苦与自卑又向他袭来。

山上住着一位八十多岁的高僧，一天年轻人来到山上寻找这位高僧。年轻人向高僧倾诉了自己的苦恼，把那只因为没有手臂而空着的袖子转向高僧，说："你看，这就是折磨我多年的缺陷。"

高僧把手伸进年轻人的袖管里，然后抬起头来微笑道："哪有什么缺陷？你的袖筒里什么都没有呀！"

每个人都渴求生活能够完美一些，希望上天能对自己多一些关照，希望生命的旅途不要有太多的曲折，但总有事与愿违之时。人的一生非常短暂，富贵也好、贫穷也罢，为官也好、为民也罢，一切都如过眼云烟。好与坏、富与贫、爱与恨都是生命中的负担，都需要适时放下。就如擅画者留白，擅乐者希声，养心者留空。何时放下执念，何时就能得到轻松。人只要抛开那些完美主义的念头，收获的就是那些隐藏在平凡和朴实中的幸福。

残缺也是一种美，像断臂维纳斯。公元1820年，在希腊的米洛斯岛上，爱和美的女神维纳斯带着震撼人心的残缺重返尘世，断臂的维纳斯在带给人们些许缺憾的同时，更多的却是把"包孕着不尽梦幻"的具有崇高美学价值的缺陷留给人们。

所以，残缺并不可怕，我们要做的，是学会在残缺中欣赏美，品味美，创造美。其实，生活中正是因为有了这样或那样的残缺，才会显得有声有色。学着接受生活中的不完美，将有限的生命从苛求完美的"陷阱"中解放出来，学会放松自己，这样才会发现生活本真自然的美。

在很多人眼里，追求完美并不是一件坏事，因为追求完美才能使自己达到优秀。其实，真正的优秀与完美原本就是两回事，一个不完美的人未必不是一个优秀的人。无论多么伟大的人，都会有缺点，我们可以不断地修正自身的缺点和错误，同时也要允许自己犯错误。因为从一定意义上来说，完美是抽象的，生活中很多的完美不是靠追求就能得到的，有许多遗憾也同样是无法避免的。

因此，不要总是妄想世界上完美的东西很多，比如你想要的完美的生活、完美的工作、完美的人生等，完美是相对的，不完美则是常态。人如果对于不太现实的事物过于执着完美，只会使你在追求中浪费宝贵的时间与生命。

心底无私天地宽

在生活中，心底无私的人能做到不计前嫌，宽容别人，因为他们有着高尚的人格，所说所做常常能感动他人，使大家都得到真情的温暖，因此能赢得真诚的友谊。

心底无私的人，能够建立起和谐的人际关系，因而更容易成功；而自私自利、斤斤计较的人，不可能成为受人尊敬的人。人要多下功夫修养自己的性情，真正做到得饶人处且饶人，这样才会以平和的心胸和温和的性格感染他人，才能做到利人又利己。

有些人心胸狭窄、不懂得宽容，他们对别人的要求特别高，喜欢用自己的思维模式来要求他人，不会站在他人的立场上考虑问题，心中只是考虑自己的私利。他们处处苛求他人，不宽恕他人，当然也无法解脱自己。这种人常常抱怨他人伤害了自己，反过来又变本加厉地去伤害他人，最终只能落得孤家寡人的下场。

美国第三任总统杰斐逊与第二任总统亚当斯之间曾有一段生动的故事。

杰斐逊与亚当斯都是美国的开国元勋，在各州有各自的支持者，两人都不愿为了拉选票而附和投票者的想法。最后，亚当斯以领先3票的微弱优势战胜杰斐逊。按照当时的宪法，杰斐逊出任副总统，两人开始了矛盾中的合作之路。

在亚当斯的第一任4年任期即将结束时，杰斐逊和亚当斯又一次面临总统竞选。当时，美国和法国之间的战争一触即发，亚当斯知道，只要两国开战，"亲法"的杰斐逊必将失败。但是亚当斯也知道，战争可能给刚成立不久的联邦政府以毁灭性的打击。于是亚当斯竭尽全力避免了这场战争，同时他放弃了选举。

在就任前夕，杰斐逊来到白宫想告诉亚当斯，他希望针锋相对的竞选活动并没有破坏他们之间的友谊。但据说杰斐逊还未来得及开口，亚当斯便愤怒地咆哮起来："是你把我赶走的！是你把我赶走的！"

在接下来的日子里，亚当斯回到麻省，重新开始了农夫生活，他与杰斐逊几十年不相往来。直到后来杰斐逊的几个邻居去探访亚当斯，这个坚强的老人仍在诉说那件难堪的事，但接着他冲口说出："我一直都喜欢杰斐逊，现在仍然喜欢他。"

邻居把这句话传给了杰斐逊，杰斐逊便请一位双方熟悉的朋友传话，让亚当斯也知道对他的深厚友情。后来，亚当斯回了一封信给杰斐逊，两人从此恢复了书信往来，成就了美国历史上的一段佳话。

亚当斯在农庄渐渐衰老，其间，他的女儿因乳腺癌不幸离世，和他相伴54年的爱妻也先他而去。在孤独中亚当斯终于再次提笔给杰斐逊写信，两人就此开始了更加频繁的书信往来。1826年杰斐逊和亚当斯先后辞世。临死前，杰斐逊望着放在自己房间里的亚当斯的雕像，而亚当斯则喃喃自语，叫的是杰斐逊的名字。

宽容需要一颗博大的心，而缺乏宽容胸怀的人，会生气，会烦躁，会不快乐。心底无私的人面对"敌人"会尽弃前嫌，因为他们将心比心，明白"多个朋友多条路，少个朋友添堵墙""冤家宜解不宜结"的智慧。

服装业巨子施瓦茨就是因为能够容忍别人的无礼，不计前嫌地招贤纳士，才最终走向成功的。

施瓦茨创业初期，曾拿着样品到过一家小店，却无缘无故地被店主讥讽嘲笑了一番，说他的衣服只能堆在仓库里，再过几年也卖不出去。施瓦茨并没有反唇相讥，而是诚恳地向对方请教，结果发现那位小店主说得头头是道。施瓦茨大为吃惊，愿意以高薪聘用他，然而小店主不但不领情，又讽刺了施瓦茨一顿。

施瓦茨并没有放弃说服这位小店主的想法。他经过各方打听后才知道，这位小店主居然是一位极其杰出的服装设计师，只是因为他性情怪僻与多位上司闹翻，才一气之下发誓不再做设计，改行做商人的。

施瓦茨弄清楚事情的真相后，三番五次地登门拜访，并且诚心请教。但这位设计师仍然是火冒三丈，劈头盖脸地说他。施瓦茨丝毫不在意，常去看望他，和他聊天并对他给予热情的帮助。最后，这位设计师终于被施瓦茨感动，答应出山。但是他提出的条件非常苛刻，其中包括他可以随时更改设计图案，而且没有固定的上班时间。这些条件施瓦茨都接受了。

后来，这位设计师果然不负施瓦茨的重望，为施瓦茨创造了巨大的效益，帮助施瓦茨建立了一个庞大的服装帝国。如果没有施瓦茨的容人，就没有他后来的成功，可见宽容是多么重要。

在竞争激烈的现代社会中，人们更需要宽容。当一个人因为别人冒犯了自己而心存忌恨时，应该先想别人的好处，心底无私、心存善良才能更好地与人合作，才能够更好与人相处，才能更快地走向成功。

　　宽容体现的是一种修养，它不是懦弱和胆怯，而是大度与包容。宽以待人同时也是解放自己。当别人做了有损于你的不义之事，如果你先宽恕了他，一般就能唤起对方的本真之性和感恩之心，就连"恶人"也能被感化。

　　良宽禅师住在一座茅棚里。一天晚上，小偷光顾他的茅庐，结果发现没有一样东西值得去偷。这时良宽从外面回来，碰见了小偷。他平静地对小偷说："你长途跋涉而来，不能空手而归，就把我身上的衣服当作礼物送给你吧。"说完脱下衣服，交给小偷。

　　小偷手足无措，拿了衣服扭头跑了。良宽赤裸着上身坐在门前的石台上，望着皎洁的明月，心里沉吟道："要是可能的话，我愿意把这美丽的月亮也送给你！"

　　夜色褪去，天渐渐亮了。禅师走出茅棚，来到石台前，忽然发现昨晚送给小偷的那件衣服，竟然被叠得整整齐齐，放在石台上。原来，良宽禅师用自己的慈悲心肠感化了小偷。他送给小偷的，不仅是一件衣服，还有一颗善良的心。

　　读罢故事，有人不禁要感叹，这良宽可真糊涂，自己穷得能入小偷之眼的东西都没有，居然还脱下穿在身上的衣服送给他。殊不知，这正体现了良宽禅师的无私之心和宽容的智慧。做人需要多一些宽容，多一些无私之心。历史上，忍受廉颇的傲慢无礼而委曲求全的蔺相如，是君子能屈能伸、宽容大度的典范，正因为蔺相如的高风亮节，才实现了"将相和"，保住了国家。

"君子贤而无私能容黑，知而能容愚，博而能容浅，粹而能容杂"。这是荀子的精辟论说，是说无私的君子之所以能为贤人，皆出于宽容！古来成大事者都具备了"记人之长，忘人之短"的宽容教养，因此为后人树立了榜样，留下了美名。

人世间只要多一点无私，就会少一点纷争；多一点理解，就能多一点友爱。

欧哈瑞是一名汽车推销员，他生性喜欢与人争论。在遇到一些顾客挑剔他的车子时，他总是滔滔不绝地与顾客进行辩论。欧哈瑞承认，他虽然在口舌上赢了不少顾客，但是这对工作显然没有一点好处，因为他一辆汽车也没有卖出去。

后来，经过长时间的考虑，他意识到自己犯的最大错误就是缺乏包容心，不允许别人说跟自己有关的东西不好，尤其是说自己推销的汽车不好。意识到这一点之后，他就努力地克制自己，并告诫自己在任何时候都应该避免与顾客争吵。因为只有维护了顾客的利益，避免和顾客发生冲突，才会给自己带来利益。

很快，欧哈瑞成了怀特汽车公司最有名的汽车销售员之一。当别人问起他成功的经验时，他这样说道："有一次我去顾客的办公室推销我们公司的汽车，但还没有等我介绍完，顾客就说：'怀特汽车？对不起，我更喜欢何赛汽车。这样给你说吧，怀特汽车白送我我都不要。'此时的我并没有为了自己的面子与他争论，我告诉他说：'老兄，据我所知，何赛的汽车确实好，买他们的车绝对错不了。'这样一来，客户居然不再同我进行争论了，而且在以后的交谈中，我们的话题不知不觉地转到怀特汽车上了。"

正是因为欧哈瑞有了包容心，让顾客感受到了尊重，才赢得了顾客的信赖。现实生活有时候就是如此，有些东西你越争可能越得不到，而如果你有包容心，不去争抢，把优势让给别人，反而更能得到你想要的东西。

生活中，能屈能伸的人才能称得上是智者。一个人如果只伸不屈，遇到一点小事、承受一点委屈就不顾后果地宣泄，反而更容易遭到挫折。因此，做事做人的大智慧就是当刚则刚，当柔则柔，能屈能伸，屈伸有度。在该退让的时候退让一下，或许会让自己前进的脚步变得更快。

心底无私天地宽，以豁达的眼光去看世界，就会觉得绿水青山、碧云蓝天，无一不是令人赏心悦目的；就会觉得生活是一首诗，是一首歌，会无比轻快、欢畅、美好。

第六章

人生贵有平常心

大爱无价

　　人是群体性动物，所以需要各种各样的交流、关心和帮助。对于每个人来说，爱都有绝对的吸引力，人们都对爱有种非常强烈的渴望，不管是友爱、爱情还是家人的关爱，人们都希望得到。因为从别人的关爱中可以感受到自己的价值和分量，确信自己还是一个对社会有用的人，对朋友和家人是有价值的人。

　　《安徒生童话》中有个丑小鸭，它本是一只天鹅，可是因为出生在鸭棚，又跟其他小鸭子长得不一样，常常受到其他小鸭子的欺负，鸭妈妈也不喜欢它，小鸭子的世界充满了恶意的嘲笑、无意的忽略，它觉得自己毫无价值，因为没有人爱它。可是当它遇见了天鹅，这一切都变了，它获得了天鹅的爱，变得自信美丽。这个童话说明人也需要关爱，人的自信需要从他人的关爱中建立起来。

　　有这样一个感人的故事：

　　那是暴风雨过后的一个清晨，一位老人到树林里去散步，在一

第六章　人生贵有平常心

棵大树旁，老人看到有一只绿头莺在焦躁地拼命对着树下凋谢的枝叶"喳喳"鸣叫个不停，老人感到有些奇怪，于是就小心翼翼地走近那棵大树。但直到老人站在那棵大树下，树上那只绿头莺也没有被吓跑，依旧焦躁地对着树下拼命叫个不停。老人侧过头静静听了听，他听到随着树上那只鸟儿的鸣叫，凌乱的树叶下有一声一声微弱的鸟儿应和声。老人明白了。他慢慢蹲下去，小心翼翼地扒开那一堆被暴风折断的枝叶，在一根湿漉漉的树枝下，他发现了一只鸟儿。

这是一只被砸断了翅膀和腿的绿头莺，长得十分可爱，只是暴风雨把它的羽毛打得凌乱而潮湿，它的一个翅膀无力地低垂着，一条腿也不能站立，它惊恐地瞪着豆粒一样的眼睛，绝望地回避着老人的目光和伸向它的那一双大手。

老人把它小心翼翼地捧到手中，但他无法把它送回到树冠里那个高高的鸟巢中。老人想了想，便捧着它回家去搬梯子。老人捧着这只受伤的鸟儿走的时候，树上那只鸟儿一直悲鸣着追着老人，直到老人搬来梯子，把这只受伤的绿头莺小心翼翼送到高高的鸟巢时，树上的那只绿头莺才安静下来。

从此，老人每天都要走到那棵树下，抬起头静静地朝着树冠里的那个鸟巢张望，但令老人失望的是，从巢里飞进飞出忙忙碌碌

158

的都只是一只绿头莺，却从来没见两只鸟儿出双入对过。老人又回家搬来了梯子，爬上梯子一看，那只受伤的绿头莺还在巢里，虽然好多了，两条腿也可以站起来，但它的那一个翅膀，却依旧无力地低垂着。老人很难过，放了一些米粒在巢里。

一年过去了，两年过去了。老人发现那只完好的绿头莺更加忙碌了，但他也发现那只伤残的绿头莺还在巢里幸福地活着。老人十分感慨，他本来就是个热心肠的人，只要村子里有家庭不和睦的，老人便会找上门去给他们讲这两只绿头莺的故事，听得村子里的人都唏嘘不已。后来，老人再搬上梯子给那两只绿头莺送米粒的时候，他惊讶地看见，在那棵大树下，撒着一层层雪白的米粒。而且，树上还有了一只十分漂亮的木质鸟箱。

又过了两年，老人老得走不动了，他央求家人抬他到树下，最后一次看一看那一对绿头莺。家人说："你放心吧，满村子里的人都惦记着那一对鸟儿呢，常有人到大树下撒谷物和米粒。"渐渐地，这故事传到了别的村子，传到了县城，传到了很远很远的地方，许多陌生人都慕名来到了村子里，来看那一对鸟儿。其实，那已经不是两只十分好看的鸟儿了，它们已经有些苍老了，神态慵懒，羽毛有些脱落，啼鸣声也早就不清脆了，但人们还是络绎不绝地千里迢迢赶来看望它们，就像欣赏一幅经典名画。

是的，关爱是被人永远铭记和感念的，不管是锦上添花还是雪中送炭，只要有爱的注入，都会结出美好的果实。

高尔基说过，对他人的评价不能代替真诚的关心，人们对待真诚的关心像清晨的小鸟迎着朝阳一样。爱是改变命运和世界的唯一法宝，即使是一座地狱，一旦被注入了爱，也能变成天堂。关爱是人生中最伟大的力量，而被人关爱也是人生中最大的幸福，人与人之间有了相互关爱，才能让生活更加美好。

一艘货轮在烟波浩渺的大西洋上行驶。一个巨浪袭来，一个在船尾清洗甲板的黑人小男孩掉进了波涛滚滚的大西洋。孩子大喊救命，无奈风大浪急，船上的人谁也没有听见。求生的本能使小男孩在冰冷的海水中拼命地游。到后来，小男孩力气也快用完了，实在游不动了。

小男孩觉得自己要沉下去了，这时候，他想起了老船长慈祥的脸和关爱的眼神。"船长知道我掉进海里后，一定会来救我的！"想到这儿，小男孩鼓足勇气用最后的一点力量又朝前游去……

过了一段时间，船长终于发现那个黑人小孩失踪了，当他断定小男孩是掉进海里后，下令返航回去找。这时，有人说道："这么长时间了，这个小男孩就是没有被淹死，也让鲨鱼吃了……"船长虽犹豫了一下，还是决定回去找。又有人说："为一个小黑孩，值得吗？"船长大喝一声："住嘴！"终于，在那孩子就要沉下去的最后一刻，船长赶到了，救起了孩子。

当孩子苏醒过来之后，船长扶起孩子问："孩子，你怎么能坚持这么长时间？"小男孩回答："我知道您会来救我的，一定会的！""你怎么知道我一定会来救你的？""因为我知道您是那样的人！"原来，正是这种伟大的信任，使小男孩在冰冷的海水中坚持了几个小时，从而挽救了自己。

一个人能被他人信任也是一种幸福。如果他人在绝望时想起了你，相信你会给予他拯救，这对你来说也是一种幸福。信任别人，也能赢得别人的信任，这就是幸福的密码。

一个人借了1000块钱给同事，他的一个朋友说："万一他不还呢？"这个人很自信地说："放心，他人品很好。"但就在他的朋友列举了很多借钱不还的例子后，这个人变得紧张起来，最后竟然惶恐地认定这1000块钱打了水漂了，郁闷至极。然而没过几天，同事就还了钱，这人自我解嘲地说："真是没事找事，净瞎想！"

也许，这就是很多人的通病吧——当客观事实与我们悲观的想象冲突的时候，后者马上就占了上风，于是就出现了很多莫名的烦恼。

有句俗语说："猜疑把你我都变成了傻瓜。"但生活中，许多人还是会经常揣测、猜疑别人的反应和行为。阿布·卡恩说过："信任就像一根细丝，弄断了它，就很难再接回原状。"所以，不管在生命的哪个阶段，你所能拥有的最大的幸福，就是被关爱和被信任。

猜忌是人性的毒素，无声无息却充满着负面的能量，足以销蚀人的勇气和友善，破坏一切人际关系。而关爱和信任的建立，则需要真诚和坚持不懈；而关爱和信任的崩溃，只要一次猜忌和贪心就足够了。

"难得糊涂"

我们的生活中会有冲突和不愉快，这时就是考验我们的心性和智慧的时刻了。

英国著名作家鲁迪埃德·基普林曾有过这样一段经历：

基普林娶了美国佛蒙特州姑娘卡罗琳·巴勒斯蒂为妻，并在那里盖了房子，两个人过着舒适的生活。卡罗琳·巴勒斯蒂的哥哥常到他家做客，渐渐地跟基普林成了最要好的朋友。后来，基普林买下了卡罗琳哥哥的一块地，因为两个人是好朋友，所以两人约定：巴勒斯蒂有权收割这块地上的青草。

日子一天天过着，两个人都很惬意，基普林不介意巴勒斯蒂割了他土地上的草，巴勒斯蒂也乐得占这个"便宜"。不过好景不长，过了些时候，基普林不想空着这块地只让它长草，想在那里建一个花园，并且真的开始动手了。巴勒斯蒂见了非常生气，大骂基普林，可是这毕竟是基普林的土地，基普林怎么能受这样的气，于是一来二去两个人就较上了劲，结下了怨。

几天后，骑着自行车的基普林在路上碰见了驾着马车的巴勒斯蒂。巴勒斯蒂蛮横地叫基普林让路，基普林不肯，于是两人又发生争执。愤怒的基普林发誓要到法院去告巴勒斯蒂。

事情传得很快，记者们收到消息马上从各地涌来。基普林和巴勒斯蒂终于站在了法庭上，但是判决结果是基普林跟他的妻子一起永远离开他在美国的这栋房子。

在这起青草引发的纠纷中，基普林除了痛苦不堪、纠结万分，最后一无所获。

琐碎的烦恼，就像轻轻一捏就可以捏碎的小虫，但是它们却在肆无忌惮地吞噬着人们的快乐和健康，甚至我们的一切。所以，人只要"糊涂"一点，善于忘记工作、生活中那些不该记住的东西，对某些"得失"心胸大度些，就能知足常乐。如果整天面对小事不能"糊涂"一点，就会因小失大，引发消极情绪的"多米诺骨牌效应"。

多米诺骨牌是一种用木头、骨头或者塑料制成的长方形骨牌，玩的时候将骨牌按照一定的间距顺序排序成行，然后轻轻碰倒第一枚骨牌，其余的骨牌就会产生连锁反应，依次倒下。因为事物是存在相互联系的，世界也是一个相互联系的整体，一个看似很小的变化就能产生一系列大的连锁反应，人们把这种现象称为"多米诺骨牌效应"。

"多米诺骨牌效应"告诉我们：一个很小的因素引发的可能是天翻地覆的变化。就情绪的问题而言，如果对一时的冲动不加控制，处处较真，就会产生一种巨大的破坏性力量，把整个事情推入到一个无可挽回的境地。所以人常常要"糊涂"一点，不斤斤计较，不把事情扩大化，以免发生负面的"多米诺骨牌效应"，导致不可收拾的"烂摊子"，毁全局于一旦。

相传吴楚边境有个小城叫卑梁，卑梁的姑娘和吴国的姑娘在边境上采桑叶，卑梁姑娘不小心把吴国姑娘的脚踩了，吴国姑娘大为恼火，与卑梁姑娘动起手来。卑梁人就带着姑娘去和吴国人评理，吴国人出言不逊，惹怒了卑梁人，于是他们就把吴国人给杀了。吴国人去卑梁报仇，结果又把那个卑梁人全家给杀了。卑梁的太守听后大怒，于是发兵攻打吴国，把当地的吴国人全杀死了。

吴王知道了这件事情非常生气，派人领兵攻打楚国，吴国和楚国爆发了大规模的战争。两国势均力敌，都倾注了大量了人力和财力，双方死伤无数，最终吴国俘获了楚国的主帅和楚平王而得胜回国。

从一件微不足道的"踩脚"事件到一场大规模的战争，中间的一系列过程就是"多米诺骨牌效应"的生动写照。人如果事事计较，虽然最终可能分出高下胜负，但也会导致两败俱伤。而对待分歧、争端最好的方法就是"难得糊涂"，这其实是一种豁达的心态，一种不苛求、不极端、不任性的健康心理。

有两个落水者，一个视力极好，一个患有近视。两个落水者在宽阔的河面上挣扎着，很快就筋疲力尽了。突然，视力好的那位看到了前面不远处有一条小船正在向他们这边划来，患有近视的那位也模模糊糊地看到了。于是，两人都鼓起勇气，奋力向小船划去。

划着划着，视力好的那位便停了下来，因为他看清了，那不是一艘小船，而是一截枯朽的木头，于是他就失望了。但患有近视的人却并不知道那是一截木头，他还在奋力向前划着。当他终于划到目的地并发现那是一截枯朽的木头时，他已经离岸边不远了。结果是，视力好的那位在水里丧失了生命，而患有近视的那位却获得了新生。

从这个故事中你悟到了什么呢？人生中有很多事，"不知道"反而比"知道"更好，"不精明"反而比"精明"更好。这就是人们常说的"难得糊涂"。其实，人生本来就是在"迷局"之中，"糊涂"一些，就能体会到更多的快乐和幸福，而如果过于"清醒"，很多的快乐和幸福也就烟消云散了。

月船禅师是一位绘画高手，可是他每次作画前，都要求购买者必须先付款，否则绝不动笔，这招来了很多人的嘲讽和批评。

有一次，一位女士请月船禅师帮她画一幅画，月船禅师问："你能付多少酬劳？""你要多少就付多少，"女士答道，"但我要你到我家去当众作画。"

月船禅师允诺跟她前去，原来女士家中正在宴请宾客，她对宴席上的客人说："这位师父只知要钱，心地肮脏，画虽然很好，但被金钱污染，这样的作品是不能挂在客厅的，它只能装饰我的裙子。"说着便拿出自己的一条裙子，要求月船禅师在上面作画。

月船禅师问道："你出多少钱？"女士回答："随便你要多少都可以。"月船禅师开了一个很高的价，然后依照女士的要求画了一幅画，画完拿着钱立即离开。人们都很疑惑：受到侮辱也无所谓的月船禅师，心里是怎么想的？

原来，在月船禅师居住的地方常发生灾荒，富人不肯出钱救助穷人，月船禅师就建了一座仓库，储存稻谷以供赈济之需。他的师父生前发愿建一座寺庙，但不幸寺庙还没建成人就去世了，月船禅师要完成师父的遗愿。当月船禅师完成这两件大事后，立即抛弃画笔，退居山林，从此不再作画。

读完这个故事，你是否明白了"难得糊涂"是一种豁达的智慧呢？对于世间的是是非非，你若理它，就会越理越乱，不如不去理会它，因为是非得失最终总会得到公正的评定。

人遇顺境，应处之淡然；遇逆境，应处之泰然。学会放下过去，学会谅解他人，学会善待自己，正确对待事物，正确看待他人，才能正确把握自己。人若始终保持一种清净优雅的心境，保持一种爽朗舒畅的心情，你就会发现你的生活原来是那么美好，原来你是可以活得如此快乐的。

其实，每个人的一生都可以快乐生活，只要你能主动远离烦恼，"糊涂"一点就行了。

在中国武术界有句行话："练拳不练功，到老一场空。"因此，古代的剑客侠士大多既练武又内修。一流的剑术离不开心性的修炼，心性越高洁，剑术也越高超。但是因为心性的修炼要难于剑术的修炼，所以心术不正或心态不稳之人不但不能练就高超的武艺，还可能由于情绪难以自控而导致精神错乱，根本谈不上在对决中取胜。

欧玛尔是英国历史上留名至今的剑手。他曾与一个与他势均力敌的对手比武，斗了三十年仍然不分胜负。在一次决斗中，对手突然从马上摔了下来，欧玛尔趁势持剑跳到他身上，当时他可以轻而易举地将对手杀死。但是对手此时做了一件事：他向欧玛尔脸上吐了一口唾沫。欧玛尔顿时停手了，他对对手说："你起来吧，我们明天再打。"那个对手死里逃生，他怔住了，不明白欧玛尔为什么要这样做。

欧玛尔说："三十年来我一直在修炼自己，让自己在比武时不带一点儿怒气，所以我才能保持常胜不败。但在刚才你吐我唾沫的瞬间，我的心中已经动了怒气，如果这时杀死你，我就再也找不到胜利的感觉了。所以我希望我们明天调整心态之后重新开始。"然而，这场争斗永远不会重新开始了，因为原来那个对手从此变成了他的学生，并在彻底消除了心中的怒气之后，剑术学得更加出神入化，此后平和的心态使他每战必胜，所向无敌。

其实，做人的道理又何尝不是如此呢？当一个人怒气冲天的时候，暴躁的情绪会使他丧失理智，会影响他的智慧与能力，会使事情的结果向不利于他想要的方向发展。人只有以平静的心态做事时，才能使自己的智慧充分发挥，达到最佳的效果。由此可见，人发脾气、愤怒不过是无能的表现，一个人如果能通过修炼彻底消除心中的怒气，那才是真正的了不起之人！

莎士比亚就是一个善于宽以待人的人，他曾说过："不要因为你的敌人而燃起一把怒火，那只会烧伤你自己。"

古今中外，大凡胸怀大志、目光高远的仁人志士，无不是大度为怀，不为区区小利而计较之人；而那些鼠肚鸡肠、竞小争微、耿耿于怀的人，没有一个是能成就大事业的人，没有一个是有出息的人。

化干戈为玉帛，让仇恨变成鲜花，需要胸怀坦荡、大公无私的胸怀，需要有一颗爱心，一颗"糊涂"之心，这样做不仅会使自己远离生气的困扰，也会让他人感受到温暖并为之感动，这是人与人快乐相处的秘诀所在。

有位政坛新人被引荐到一位政坛前辈面前，希望前辈能对他指点一二。这位前辈向新人提了一个要求：交谈中如果新人打断了他的讲话，就必须支付 5 美元的罚款。新人觉得很新奇，于是爽快地答应了。

"很好，首先，你会听到一些诋毁和诬蔑你的话，对此最好不要感到愤恨，要随时注意这一点。"

"我会做到的，无论别人说什么，怎么说，我都不会因此而发脾气。"

"很好，这就是我的经验的第一条。但是坦白说，我是不希望你这样一个道德败坏的人当选的……"

"先生，你怎么可以这样侮辱我……"

"请支付5美元。"

"啊！这只是一个教训，对不对？"

"是的，这是一个教训，但其实，这也是我的真实想法……"

"你怎么能这么说，你这简直是在诬蔑……"

"请再付5美元！"

"哦！这又是一个教训，你的10美元赚得太容易了。"

"没错，10美元，你是否先付清钱，然后再继续？因为人人都知道你是个不讲信用的人……"

"可恶！你这个家伙……"

"请付5美元。"

"啊，对不起，这又是一个教训，我最好试着控制自己的情绪。"

"好的，我收回以前的话，但我的意思并不是这样，在我看来你是一个值得尊敬的人，但考虑到你卑贱的家庭和你那声名狼藉的父亲……"

"你才有个声名狼藉的父亲呢!"

"请付5美元。"

最后，政界前辈说："现在已不是5美元的问题，你要记住，你每一次发火或者你为自己所受的侮辱而生气时，至少会因此丢掉一张选票，对你来说，选票可比钞票值钱得多。"

愤怒是人的本能反应，可有时候，这种本能会将自己推到危险的境地。

奥格·曼狄诺指出："没有豁达的心态就没有幸福的生活。一个人无论取得多大的成功，无论有多少美好的目标，如果没有宽容心，没有'糊涂心'，仍然会遭受痛苦。"

恬淡为上

"淡泊"是中国传统文化中一种深刻的智慧，《老子》曾说

"恬淡为上，胜而不美"，这是指"心神恬适"的意境。唐代白居易在《问秋光》一诗中写道："身心转恬泰，烟景弥淡泊。"这句诗反映了诗人心无杂念，凝神安适，不在意眼前得失的开阔境界。

"非淡泊无以明志，非宁静无以致远。"用现在的话来说，就是要把眼前的名利看淡，否则就不会有明确的志向，就不能实现远大的目标。这同"将欲取之，必先予之"，"欲达目的，需先迂回曲折"的道理一样，现在的"淡泊""宁静"，不是不想有什么作为，而是要通过学习"明志"，树立远大的志向，待时机成熟可以"致远"时，轰轰烈烈干一番事业。

现实世界其实很简单，只是人心很复杂，才导致人们利益分配很复杂。由于利益分配很复杂，才有了尔虞我诈、钩心斗角，才有了人与人之间的怨气、怒气。而一个有道德修养的人，常会静思反省，以练就恬淡的心境和高尚的品德。

居里夫妇对大多数人所积极追求的名声、富贵或奢华都看得非常淡。在他们发现镭之后，世界各地的人纷纷来信希望得到提炼镭的方法。在如何对待专利的问题上，居里先生平静地说："我们必须在两种决定中选择一种。一种是毫无保留地说明我们的研究成果，包括提炼方法在内。第二种是我们以镭的所有者和发明者自居，取得镭提炼铀沥青矿技术的专利执照，并以此营利。"取得专利代表着他们能因此获得巨额的金钱、舒适的生活，还可以留给子女一大笔遗产。但是居里夫人听后却坚定地说："我们不能这么做。如果这样做，就违背了我们从事科学研究的初衷。"居里夫妇轻而易举地放弃了唾手可得的名利，如此淡泊名利的人生态度，使人们感受到了他们夫妇不凡的气度。

佛法里面有一个词叫"觉悟"，什么是觉悟呢？著名学者于丹对这个词有过这样一番解析："觉"下面是一个看见的"见"，"悟"是竖心旁加一个"吾"，所以"觉悟"本初的含义就是"见我心"，也就是"有能力看见自己的心"。觉悟有几种，但无论是渐悟还是顿悟，都要求人们在生活中拥有一颗平淡之心，遇事想得开、看得透、拿得起、放得下，处世清明，为人豁达，宠辱不惊，毁誉不计，这样才能过淡泊的人生。

金庸小说《倚天屠龙记》中有这样一段情节：

张三丰向张无忌传授一套慢吞吞、软绵绵的太极剑法，演示完毕，张三丰问道："无忌，你看明白了没有？"

张无忌答道："看明白了。"

张三丰问："都记住了没有？"

张无忌答道："已忘记了一小半。"

张三丰道："好，那也难为你了。你自己去想想吧。"

张无忌低头默想。

过了一会儿，张三丰问道："现在怎样了？"

张无忌道："已忘记一大半了。"

旁人着急起来："刚学的剑法都忘了一大半，这可如何迎敌？"

张无忌便请张三丰重新传授一遍，张三丰微笑，再使出一路相同的剑法。

张无忌闭眼沉思了一会儿，然后睁开眼说："我已忘得干干净净。"

众人皆惊，唯张三丰大喜："忘得真快！"

张无忌随即拿剑迎敌，果然大胜。

张无忌学太极剑法，不记招式，只是细看剑招中"神在剑先，绵绵不绝"之意，看完一路剑法，已忘记了一小半；低头默想之后，已忘记了一大半；再看张三丰演练一遍，再经沉思玩味，终于忘得干干净净。而当他全部忘记之时，也是学成之时，因为他已将所学剑法由机械的记忆转化为本能，并不受原来招式所限，随意出招自成章法。这既是剑术的至高境界，也是人生的至高境界。

淡泊是一门艺术，更是一门学问。有些人之所以一生都一事无成，是因为他们自始至终都没有弄明白该如何取舍。其实，在人生的长河里，只要淡定从容，经得起风浪的考验，才是学会了如何去做人，去做事。

有人调侃地说，世上的人可以分为两种：一种是眼睛看着自己碗里的，一种是眼睛盯着别人锅里的。前一种人细心品味和享受自己已经拥有的，心怀感恩，拥有得越多，就觉得越幸福和知足；而后一种人，拥有再多也看不到它们的价值，总想获得更多，得不到就气恨难平，反倒乱了自己的心性，尽管一再强取，却还想拥有更多。有个成语叫作"欲壑难填"，说的就是后一种人。

其实，幸福不是拥有洋房轿车，不是拥有山珍海味、不是拥有美衣华服，也不是得到赞美和颂扬，幸福是一种淡泊从容的心态。

贝蒂·戴维斯在她的回忆录《孤独的生活》中说："任何目标的达成，都不会带来满足，因为成功必然会引发新的目标，如同苹果会有种子一样，它们是永无止境的。除非你懂得知足才是人生常乐的秘诀，否则你永远都不会满足于自己所拥有的一切。"很多时候，得不到的并不一定是最好的，已经拥有的却往往是最幸福的。

青源唯信禅师曾说："老僧三十年前来参禅时，见山是山，见水是水；及至后来亲见知识，有个入处，见山不是山，见水不是水；而今得个体歇处，见山还是山，见水还是水。"这段话与张无忌学剑的故事有着异曲同工之妙。

人的一生，最终还是会返璞归真，即"看山还是山，看水还是水"。面对世俗之事，一笑置之，不与旁人有任何计较，这是淡泊境界的真正体现，也是拥有乐观豁达的人生态度的基础。

那么，在生活中，我们怎样才能拥有淡泊的胸怀呢？以下几点建议可供参考：

一是容许别人犯错误。

"金无足赤，人无完人"。不要因为某人有过失，便看不起他，或将对方全盘否定，这种"一过定终身"的态度是不可取的。

在别人犯了错误，尤其是损害了你的利益的情况下，能否用一种宽容的态度对待别人的错误，是衡量人的修养和境界的一个标准。

包容是一种美德，能包容别人过失的人会设身处地地为当事人着想，考虑自己如果在这种场合下会如何做，或做错了某事之后会有何种想法，进而对他人产生同情和体谅。富兰克林在《穷理查智慧书》中所说："善待朋友可以保住朋友，善待敌人可以争取敌人。"

二是多替别人考虑，学会调控自己的不良情绪。

人如果一有情绪就拿别人当出气筒，不仅会遭到别人的反感，也会给自己的生活带来意想不到的麻烦。

当然，引起人不良情绪的原因很多，也很难排除，但可以采用"自我暗示法"调节情绪，自我鼓励，比如对自己说："要平静，别发火！"这种积极的暗示能够帮助人调节不良情绪。

三是当你心情突然不好的时候，最好去干点儿别的事情，转移一下注意力，使自己没有时间去思考不愉快的事情，或者将不愉快的事情向自己的亲人或知心朋友说出来，这也是清除不良情绪的好办法。

总之，做到淡泊是人需要修炼一生的功课。

随遇而安

人生需要随遇而安的智慧，一个人如果抱有随遇而安的态度，遇事就不会慌张，该处理处理，该解决解决，该放弃放弃。事情过去后心仍要恢复到原来的平静，这样才能保持自己的本心和真性情。

人生诸多际遇有时不是个人力量可以左右的，唯一能使我们放平心态的办法，就是使自己"随遇而安"。改变心态，给自己的心情留下一个开阔的空间，这样才会有一种内在的从容与淡定。人生中有很多事情，只有经历过之后才能有所感悟。人生与时光一样，稍纵即逝，不可逆转，做不到随遇而安的人只会让自己的快乐指数降低。

小黄是一家公司的部门经理，工作上很有能力，再难的问题他也能解决好，因此小黄深得上司的器重。在外人看来，小黄不仅工作中很得意，在家庭生活中也是一个很幸福的人，妻子既贤惠又漂亮。但是，就是这样一个在外人看来很幸福的人，却在不久前得了抑郁症。

小黄得抑郁症的原因其实很简单：他是一个追求完美的人，不仅对自己要求高，对别人要求也高，所以时常压力很大。有同事这样说小黄的抑郁症："那个黄经理之所以会得抑郁症，就是因为对自己的要求太高了，总是不肯接纳自己的缺点，不能以平常心看待自己，当自己无法做到理想状态的时候，就将心中的不满转移到下属身上，自己又不善于与人沟通，长期憋在心里，不得病才怪呢。"

古人说，"随遇"者，顺随境遇也；"安"者，一可理解为听天由命、安于现状，二可理解为心灵不为不如意之境遇所扰，但人无论身处何种环境，若能保持一种平和安然的心态，就能继续坚持自己的追求。前者之"安"，或许可以称之为"消极处世"；而后者之"安"，则是一种良好的心理调节能力，成功的人甚至需要一种超脱、豁达的胸襟，这不是人人都能做到的，但却是我们所提倡的。

苏轼的友人王定国有一名歌女，名叫柔奴，眉目娟丽，善于应对，其家世代居于京师，后王定国迁官岭南，柔奴随之，多年后，复随王定国还京。苏轼拜访王定国时见到柔奴，问她："岭南的风土恐怕不大好吧？"

不料柔奴却答道："此心安处，便是吾乡。"

苏轼闻之，心有所感，遂填词一首，这首词的后半阕是："万里归来年愈少，微笑，笑时犹带岭梅香。试问岭南应不好？却道：此心安处是吾乡。"

在苏轼看来，偏远荒凉的岭南不是一个好地方，但柔奴却能像生活在故乡京城一样处之安然。从岭南归来的柔奴，看上去似乎比以前更加年轻，笑容仿佛带着岭南梅花的馨香，这便是随遇而安并且是"心灵之安"的结果了。

一个人无论是居庙堂之高还是处江湖之远，都需要保持一颗安然的心，不为世俗的无奈所气恼，让自己在平静中生活，让心灵充满阳光。有些人总是把拥有物质的多少、外表形象的好坏看得过于重要，用金钱、精力和时间去换取优越的生活和光鲜亮丽的外表，得不到就会生气，其实，不论是想追求浪漫生活还是想追求幸福生活，人都需要调整好自己的心态，不气不急，不怒不怨。

一个善用钟表的人不会把发条上得太紧，一个优秀的司机不会把车开得太快，一个善于控制自己情绪的人总能做到随遇而安，怡然自得，不让自己的心情大起大落。

不要说"等我赚到100万，我才可以快乐"，不要说"等我实现了某某目标，我就高兴了"，不要说"等我到了退休时，我就能躺在安乐椅上享受日光浴"……快乐不应该用"假如"来限定条件——你有权快乐，不论你是百万富翁还是一贫如洗，因为快乐就在每个人的心里，只要你想拥有，只要你能做到随遇而安，它便会实现。

有一位珠宝商的店铺橱窗里陈列着许多昂贵的钻石、金戒指以及各种珍珠、宝石。有一天，一位穷人站在橱窗前欣赏。过了一会儿，穷人走进珠宝店对店主人感谢道："谢谢你让我看到了这么多钻石与珠宝。"

店主人听后惊讶地说："你为什么因此而感谢我呢？你只是看看而已。"

穷人回答："我看看就足够了。再有钱的人买了钻石也只能看，不是吗？既然这样，我不是和拥有钻石的富翁一样吗？不过，不同的是富翁还要担心钻石可能被人偷走，而我却只需享受欣赏，不必忧心忡忡。"

这虽然只是个故事，但如果你此时正为贫困所烦恼，为生活的不公而生气，真该学学这个穷人随遇而安的快乐心境。

"人生有酒须当醉，一滴何曾到九泉？"这是对生活随遇而安的态度。苏东坡受"乌台诗案"牵连，险些丢掉性命，被贬为黄州团练副使，不得签署公事。身处如此逆境，他却旷达如旧，在赤壁的月夜里写出了脍炙人口的《前赤壁赋》："寄蜉蝣于天地，渺沧海之一粟，哀吾生之须臾，羡长江之无穷。"他认为，一个人如果把自己摆到宇宙之中，不过是一粒尘埃，何必对事对人斤斤计较呢？

人贵有一颗安然之心，要时时对自己说一声：人之于浩瀚宇宙，不过是一个过客而已，随遇而安是最好的心境。所以，当生活不如意的时候，要审视的不只是自己的努力程度，还有自己的情绪；当自己身体出问题的时候，要检查的不仅是自己的身体，还有自己的心灵。这就是随遇而安的内涵，明白了这个内涵，你就不会与自己与别人斤斤计较了。

♣

人生本应随意自在，不必偏执于什么，也不必为得不到的东西而耿耿于怀。苏东坡赠诗其弟云："人生到处知何似，应似飞鸿踏雪泥，泥上偶然留指爪，鸿飞哪复计东西。"人生的很多东西本是转瞬即逝，没有什么是永恒的，沧海变桑田，多少年过去，山峦都可以夷为平地，还有什么是永远存在的呢？还有什么是永恒不变的呢？有些曾经风光无限、不可一世的人，有些曾经轰动一时的事件，就像泥地里留下的指爪，哪一个不随着时间流逝而变淡，最终被人遗忘呢？更何况执着于一些纷纷扰扰的小事，到头来烦恼的总归是自己。人面对生活时就应像远去的飞鸿，展翅翱翔，不为已经过去的事物所牵绊。

有时候，不管是情愿还是不情愿，是自觉还是不自觉，我们心中总是背负太多的东西，于是不得不拖着沉重的脚步前行。其实在生活中，有的事情我们需要执着，有的事情我们需要认真，但更多时候我们需要"放下"。我们没有必要用沉重的心态去对待每一件事，每一个人。当我们的心中没有成见、没有偏见、没有心机、没有名利时，我们所看到的、所听到的、所欣赏到的、所品味到的都将是真实无妄的，这时就可以感受到自己内心的自在，否则认假作真，免不了起烦恼、生痛苦，困扰自己。

生活并不需要太多的执着，人心也不需要装太多的东西，只要简单一点，就能轻装上阵，自己就更开心一些，更轻松一些。

心理学上有一个"奥卡姆剃刀效应"，这是由英国奥卡姆一个知识渊博、能言善辩的"驳不倒的博士"威廉提出来的，其含义是：如无必要，勿增实体。这个效应看似简单，但要想在生活中真正做到，并不是那么容易。

有一个小和尚非常苦恼，因为师兄师弟们老是说他的闲话。念经的时候，他的心不在经上，而是在那些闲话上。

他跑去向师父告状："师父，他们老说我的闲话。"

师父双目微闭，轻轻说了一句："是你自己老说闲话。"

"他们瞎操闲心。"小和尚不服。

"不是他们瞎操闲心，是你自己瞎操闲心。"

"他们多管闲事。"

"不是他们多管闲事，是你自己多管闲事。"

"师父为什么这么说？我管的都是我自己的事啊。"

"操闲心、说闲话、管闲事，那是他们的事，就让他们做去，与你何干？你不好好念经，老想着他们操闲心，你不也是在操闲心吗？老说他们说闲话，你不也是在说闲话吗？老管他们说闲话的事，你不也是在管闲事吗……"

师父话未说完，小和尚已茅塞顿开。

人的生活与环境总是息息相关，环境对人内心也有着很大的影响。有时候，这些影响于人有好处，而有时候，这些影响却让人产生烦恼嗔怨之感，久久难以平静。

　　中秋的禅院里一片荒芜，只有稀稀疏疏的杂草。老和尚去集市买了一袋子草籽回来，交给小和尚说："你自己选个好地方撒种去吧。"

　　小和尚乐滋滋地拔掉杂草，小心地把草籽撒在选中的地上，眼前仿佛出现了一片绿油油的草地，蜂飞蝶舞……

　　不一会儿，起风了。

　　"不好啦，师父！草籽都被风吹走了！"

　　"慌什么，随它去吧。被吹走的都是瘪的空的，没关系。"

　　不一会儿，麻雀来了。

　　"不好啦，师父！麻雀把咱们的草籽都吃了！"

　　"慌什么，随它去吧。反正草籽多，鸟是吃不尽的，肯定还能剩下很多，没关系。"

　　不一会儿，下大雨了。

　　"这下完了，师父！大雨把咱们的草籽都冲走了！"

　　"慌什么，随它去吧。雨冲到哪儿草籽就在哪儿发芽，没关系。"

小和尚鼻子都快被气歪了，怎么碰上这么个"随它去"的"没关系"师父呢！

第二年春天，禅院里居然长满了绿油油的小草，比小和尚原先设想的最好的情况还要好上 10 倍。小和尚惊奇不已。

老和尚摸着小和尚的脑袋说："我早说了'随它去吧''没关系'，你看是不是这样啊，好徒弟？"

小和尚不好意思地低下了头。

小和尚如果按照自己的想法去种草的话，可能是又费时又费力，还没有好的效果，而"随缘"的做法却带来了意想不到的收获。人生又何尝不是如此。放平心态，随遇而安，也许就能收获满满的幸福。

为心灵减负

有这样一句经典的话："当你握紧双手，里面什么也没有；当你打开双手，世界就在你的手中。"这说的是减负的智慧。减负并不是自暴自弃，而是删繁就简、轻装上阵，保持一种清醒和冷静。

减负不是幼稚的行为，而是一种更高级的战略智慧，是一种睿智的理性选择，是对人生的深刻感悟。减负这种人生智慧，在心理学中的"卡贝效应"里得到了体现。

"卡贝效应"是由美国电话电报公司总裁卡贝提出的，它告诉我们：放弃是创新的钥匙。放弃有时比争取更有意义。不懂得放弃的人，是不会懂得什么是真正的争取。如果目前拥有的东西已经成为了前进的负担，此刻再拥有只会成为一种拖累，一种阻碍，就要放弃，因为既然曾经的优势已经成为劣势，那么为什么还不果断地放弃呢？当你放弃了本不该奢求的目标或者执念，你就会突然发现，你已经得到了你曾求之不得的东西。

"卡贝效应"和中国古人"失之东隅，收之桑榆"的智慧不谋而合，二者都说明：放弃和舍得是为了更好的拥有。

人们的生活目标是追求快乐和幸福。但只有学会了减负，才能学会争取快乐和幸福。快乐和幸福更多的是一种思想和精神层面的感受，而不是物质层面的财富、地位和权力。

古时候，有个书生上京赶考，一连赶了好几天的路，他累得实在是走不动了，就在树下睡着了。书生睡了好几个时辰，醒来的时候还是觉得头脑发昏。所以他摇摇晃晃地来到河边，准备洗把脸，然后继续赶路。

他来到河边，看到一个渔夫在钓鱼。

书生说："哇，好大的鱼啊！"

渔夫看了书生一眼，得意地笑了一下。

书生说："老先生，这么大的鱼我见都没见过，您是怎么钓到的啊？"

渔夫说："当然需要一些技巧！"

"能说来听听吗？"

"其实，我也是试了好几次才最终把这大家伙钓上来的。"

"那是怎么回事呢？"

"我在这里钓了这么久的鱼，从来也没有见过这么大的鱼，我刚发现它的时候，觉得很惊喜，心想一定要钓到它。"

"后来呢？"

"后来我就在鱼钩上挂上了鱼饵，放到水里去给它吃。谁知道它连看都不看一眼，我想它可能觉得这个鱼饵实在太小了。"

"那就换大一点的啊！"

"是啊，于是我就把鱼饵换成一只烧鸡，没想到果然奏效。不一会儿，那条大鱼就上钩了。在它吃到鱼饵时，我的钓线早就牢牢地缠住它的嘴巴了，它无法动弹，当然也就游不走了。"

听完渔夫的话，书生感叹："鱼啊，鱼啊，河里的小鱼小虾这

第六章　人生贵有平常心

187

么多，你一辈子都吃不完，可是经不住诱惑，偏偏去吃渔夫的大饵，是贪念害死了你啊！"

贪心会让人忘记拥有，陷入欲望的泥潭不能自拔。

曾经，有一对穷困潦倒的兄弟，家徒四壁，他们买不起床，只有一张长凳，每天晚上两个人都挤在长凳上睡觉。

一个偶然的机会，一位禅师从他们家路过，他实在不忍心看这两位兄弟继续如此窘迫下去，便悄悄地告诉他们："过了后山，再翻越一座高山，便是太阳山。你们可以去那里挖一些金子回来，但前提是必须在太阳升起之前下山，否则一旦太阳升起，你们就可能被晒死。"

兄弟俩非常高兴，连连向禅师道谢："谢谢您，谢谢您！我们一定会赶在太阳升起之前下山的。"

第二天，兄弟俩早早地起床了，每人拿着一个袋子向太阳山直奔而去。一到太阳山，他们便开始迫不及待地往自己的袋子里装金子。弟弟边装边对哥哥说："要是这里的金子全归我们所有就太好了！"过了一会儿，眼看着太阳就要升起来了，哥哥对弟弟催促道："一会儿太阳就要升起来了，我们还是赶快下山吧！"弟弟不肯，望着满山的黄金，他早就把禅师的话置于九霄云外。无奈，哥哥只好先下山了。

下山后，哥哥用自己所捡到的那些黄金做起了小买卖，几年之后便发了大财，还娶了个漂亮的媳妇，一家人过着幸福美满的生活。然而，可怜的弟弟却永远留在了太阳山上。就在弟弟准备下山时，太阳已经升起来了，整个山开始融化，就这样，他被炙热的太阳所融化了。

贪婪容易使人丧失理智，贪婪使人在诱惑面前迷失方向，失去判断，甚至导致一些人的毁灭，所以每个人都要拥有减负的智慧，这样才不会在人生的旅途中迷失方向。

其实一个人在一生中"实际需要"的东西并不多，而"想要"的东西则太多太多。有多少人为了得到"想要"的东西而争得头破血流，甚至搭上了性命。所以，时时"减负"，这样对物欲就不会过分追求，同时，还能时时清空心灵，放下执念，步伐轻盈迈向前方。

第七章

与人避让少恩怨

避人锋芒

古人讲"退一步海阔天空"，这可不是安慰失意者的虚辞，也不是"隐士们"的自我释怀，而是实实在在的避人锋芒的生存智慧。

清朝康熙年间，张英为相。一日，张英的家人因宅基地与邻居发生纠纷，于是给张英写了一封信，意在让他"摆平"此事。张英看完信后，提笔回复了一首诗："千里修书只为墙，让他三尺又何妨。万里长城今犹在，不见当年秦始皇。"家人领会其意，就让出三尺之地。邻居了解后深受感动，也让出三尺之地，于是在当地留下了"六尺巷"的美名，张英谦让的德行也流传至今。

避人锋芒的内涵十分丰富。避人锋芒，可避免激化矛盾、扩大事态，从而使双方尽快地化解纠纷；避人锋芒，可使自己跳出争夺的旋涡，使自己不气恨、不愤然……避人锋芒是一种智慧，如果不懂这种智慧，一味地争斗纠缠，最后只能落个两败俱伤的结果。

避人锋芒其实还是一种选择，一种明智的选择，它使人学会退让，学会转换思路，不再斤斤计较。避让本就是一种勇气，是一种智慧，是一种境界，是在为自己、为别人赢得更大的空间。

人生在世，利与害权，福与祸衡，喜与怒称。小至一人，大至社会，都离不开避让。许多成功人士亦将避让奉为修身立世的真谛，把以退为进作为人生的一种大智慧，这既是他们安身立命的法宝，也是他们成就大业的利器。因此避让是智者的大度，强者的涵养。

避让并不意味着怯懦，也不意味着无能，它是建立良好的人际关系的法宝。退一步海阔天空，一时的退让或许会换来意想不到的收获。

生活中许多事当忍则忍，能让则让。"忍一时风平浪静"绝不是一句空话，而是有其深刻的含义。退避三舍，善于避让，宽宏大量，这是一种境界，一种智慧。能达到这种境界的人，会少却许多烦恼和急躁，能获得更加亮丽的人生。

有一位年轻的登山运动员有幸参加了攀登珠穆朗玛峰的活动，到了海拔6000米的高度时，他由于体力不支，停了下来，最后决定返回营地。当他后来给别人讲起这段经历时，人们很替他惋惜："为什么不再坚持一下呢？为什么不咬紧牙关爬到峰顶呢？"

他回答道："不，你们都感到很遗憾，我反而感觉很满足，因为我最清楚，6000米的海拔高度是我登山生涯的最高点，我并不为此感到遗憾。"

这位年轻的登山运动员无疑是明智的，他充分了解自己的能力，不为自己没有爬到峰顶而自责生气，而是满足于现在的高度，因为这个高度已经刷新了他登山最高点的纪录，可见他的豁达和智慧。

实际上，一次巧妙的避让，与一次成功的出击一样可贵。避让不是放弃，而是寻找新的机会。一个想成就大事业的人，一定要沉稳、干练，面对机会要用智慧做出抉择，做自己该做的，而很多时候避让会为自己赢得更大的发展空间。

普天之下，再没有什么东西比水更柔弱了，然而，在攻坚克强方面，再没有什么东西可以胜过水。而太极拳讲究"以柔克刚，以静制动，以弱制强"，也是指要以柔、静、弱来化解敌人攻击的力道，所谓的"四两拨千斤"就是这个意思。

齐景公手下有三名勇士，他们名叫田开疆、公孙接和古冶子。这三名勇士都力大无比，武功超群，为齐景公立下过不少功劳。但他们也养成了刚愎自用、目中无人的不良作风，甚至连宰相晏子都不放在眼里。

♣

有一天，晏子从他们身旁经过，小步快走以示敬意，但这三个人却连站都不站起来，更别说回礼了。对此，晏子非常生气，便去觐见景公，说："我听说，贤能的君王蓄养的勇士，对内可以平定暴乱，对外可以震慑敌军。君主称赞他们的功劳，大臣和百姓佩服他们的勇气，所以他们有尊贵的地位，优厚的俸禄。可是现在您所蓄养的勇士，对上没有君臣之礼，对下不讲究长幼之序，对内不能平定暴乱，对外不能震慑敌军，他们是祸国殃民的人，不如赶快除掉他们。"

景公说："这三个人力大无穷、武艺高强，硬拼恐怕不行，暗中刺杀恐怕也行不通。"

晏子说："这些人虽然力大好斗，不惧强敌，但不讲究长幼之礼。"说着便给景公出了个主意：请景公赏赐他们两个桃子，并告诉他们按功劳大小去分吃。

三兄弟接了景公的赏赐后，公孙接说："我第一次打败了野猪，第二次又打败了母老虎。我的功劳最大，可以单独吃一个桃子，而不用和别人共吃一个。"于是，他拿起了一个桃子。田开疆说："我接连两次击退敌军，像我这样的功劳，也可以自己单吃一个桃子，用不着与别人共吃一个。"于是，他也拿了一个桃子站了起来。古冶子说："我跟随国君横渡黄河时，大鳖咬住车左边的马，拖到了河的中央，当时我潜到水里，顶住逆流，潜行百步，又顺着水流，潜行了九里，才杀死了那大鳖。我左手握着马尾，右手提着鳖头，像仙鹤一样跃出水面，惊得渡口上的人说：'河神出来了。'像我这样的功劳，也可以自己单独吃一个桃子，而不用与别人共吃一个！你们两个人快把桃子拿出来！"说完他便抽出宝剑，站了起来。

公孙接、田开疆说："论勇敢我们比不上你，功劳也不及你，还拿着桃子不谦让，太不像话了。如果还这样不知羞耻地活着，那还有什么尊严可言？"于是，他们两个人都交出了桃子，然后自杀了。看到两个兄弟死了，古冶子说："他们两个都死了，唯独我自己活着，这是不仁；用话语去羞辱别人，吹捧自己，这是不义；悔恨自己的言行，却又不敢去死，这是无勇。"他感到很羞惭，于是放下桃子，也自杀了。

论武力，晏子绝不是他们三人的对手，如果当时晏子不按捺自己的怒火，跟他们硬碰硬，一定会吃大亏。但晏子选择了避其锋芒，仅用了两个桃子就把他们处死了。从这个故事来看，有些问题不是硬碰硬能解决的，退让一步往往是有效解决问题的关键。

其实，避让于人于己会少了很多恩怨情仇。《幽窗小记》中有这样一副对联："宠辱不惊，看庭前花开花落；去留无意，望天空云卷云舒。"这副对联寥寥数语，却深刻道出了豁达之人对事对物、对名对利的超然脱俗的态度。这样的人一定是心境平和、心胸开阔的人。

有一个天生乐观的人从不拜神，他相信开不开心取决于自己，而与神无关。他死后，神为了惩罚他，把他关在很热的房间里，七天后，神去看望这位乐观的人，看见他仍非常开心，神便问："在如此闷热的房间里待了七天，你难道一点也不难受？"乐观的人说："这间房子让我想起在公园里晒太阳的好日子，我当然十分开心啦！"

神不甘心，又把这位快乐的人关到一间寒冷的房间里。七天过去了，神看到这位快乐的人依然很开心，便问他："这次你为什么开心呢？"这位快乐的人回答说："这个寒冷的房间让我想起圣诞节快到了，又要放假了，还能收很多圣诞礼物，我能不开心吗？"

神不甘心，又把他关在一间阴暗、潮湿的房间里。七天过去了，这位快乐的人仍然很高兴，这时神有点困惑不解，便说："如果这次你能说出一个让我信服的理由，我就不再为难你。"

这位快乐的人说："我是一个足球迷，但我喜欢的足球队很少有机会赢。可有一次他们赢了，当时就是这样的天气。所以每当遇到这样的天气，我都会高兴，因为这会让我联想起我喜欢的足球队赢了。"

神无话可说，放这位快乐的人自由了。

当局者迷，旁观者清。避让，就是要自己走出纷扰、站在局外，做一个理智清醒的旁观者，一个不辜负自己生命意义的明白人。在纷繁复杂的大千世界里，每个人都会与别人发生千丝万缕的联系，人与人之间磕磕碰碰，出现点摩擦，在所难免。此时，如果得理不饶人，后果只能是两败俱伤，而如果采取避让之道，则会"避一时海阔天空"。哪种做法更明智，相信你的心中自有答案。

仁爱之心

世上没有十全十美的人，每个人都有或多或少的缺点，但也没有完全一无是处的人。与人相处时，一定要包容对方的缺点和过失，欣赏别人的优点和长处，这样才能获得和谐的人际关系，也更有利于双方的事业发展。

良好的人际关系，对一个人能否在社会中顺利成长、有所成就是至关重要的。但在现实生活中，却不是每个人都能用仁爱之心理解人、包容人，懂得欣赏别人而不是挑剔别人。

有这样一则寓言：

北风和南风比威力，看谁能把行人身上的大衣脱下来。北风凛冽刺骨，结果行人为了抵御寒冷把大衣越裹越紧。南风则徐徐吹来，顿时风和日丽，行人觉得热而脱下了大衣，南风获得了胜利。

这就是心理学上的"南风法则"。它告诉我们温暖的力量胜于冷若冰霜的态度，积极的沟通方式选择的好，会更容易促进人际关系的和谐，达到人所预期的目的。

人类是个相互依赖的群体，人在社会中生活，谁都离不开谁。强势的人就像是北风，虽然呼呼大吹，可不但不能让别人屈服，反而会让人感到寒冷彻骨，这样他的身边自然就没有朋友。而大公无私的人就像是南风，他们时常给予别人徐徐暖意，让人快乐，同时他们自己也会快乐，而当他们有朝一日陷入困境时，也会得到他人充满爱心的关怀和帮助。因此，能用爱心理解人、包容人而不苛责挑剔别人的人才会有好人缘，不仅不会惹人生气，自己也会少生许多气。

事实证明，强硬和强力并不能征服人，强权和武力也不能征服一个民族，只有仁爱之心才能像和煦的阳光一样才能让人温暖如春。

仁爱之心可以化解怨气、失望和愤怒，以温暖之情消除隔阂，赢得人心，远胜过苛责的言行。每一个人都应有关心、爱护和帮助别人的仁爱之心意识，因为在生活与工作中，谁都难免会遇到困难和挫折，在此情况下，更需要得到他人的爱心和帮助。仁爱之心会使每个人活得更轻松、更快乐，会让世界更加温暖。也许在你看来可能是微不足道的一点帮助、一点关怀，在别人那里却会产生很大的激励作用。

一个成绩不错的学生在期中考试时语文、数学、英语三门课都不及格。教数学的刘老师看到后非常着急，特地把学生叫到办公室，耐心地询问他在生活、学习中是否遇到了什么问题。这个学生虽没有向老师说明原因，可在以后的学习中却迅速地赶了上来，重新成为班上的尖子，并在高考时考入一所大学的数学系。

后来他在给刘老师的信中写道："当初，由于父母不和，我在家里体会不到温暖，便因此失去对生活的信心。那次考试我是故意的，我就是想看看人世间到底还有没有人关心我。可是，语文老师对此无动于衷，英语老师只是用一种异样的语调读完我的分数又轻蔑地看了我一眼。只有您对我嘘寒问暖，关怀备至，让我体会到一种父亲般的关爱。真的，在以后的日子里，我始终把您当作父亲看待，并立志成为像您这样的老师。"

这封信使刘老师很意外，他万万没想到自己的一次"无意之举"背后竟有如此"惊心动魄"的故事。在以后的工作中，刘老师更加注意关心、爱护学生。

有师徒二人在外化缘，走着走着，快到一条小溪时，老和尚忽然停下了，并示意小和尚不要出声——原来，他看到两只小麻雀正在溪水中嬉戏玩耍，不知过了多久，两只浑然未觉的小麻雀玩耍够了，才叽叽喳喳地飞走了。小和尚满腹抱怨："为了两只小麻雀，居然耽误了这么长时间，有必要吗？"

老和尚意味深长地说："世间的生物不分大小，都有它们各自的生命的乐趣，我们出家人要慈悲为怀，感恩世界，爱惜众生。小麻雀们在玩耍之时，心中肯定圣洁快乐，借这清幽明澈的溪水洗尽它们奔波的疲劳，这是多么动人的时刻、多么幸福的情景啊！如果我们打扰了它们，他们会不尽兴的。"

世间万物都是需要爱护的，人拥有一颗慈悲之心，心灵就会充实很多。老和尚有一颗爱心，对小小的麻雀呵护备至，然而，现实中，有些人却像小和尚一样，觉得世界应该以自我为中心，对别人的关爱和付出会让自己有所损失，其实这是他们只重视自己的私心所致。人因为自私，会无法感受到充盈在世间的快乐和温情，更无法体味到心灵的愉悦与放松。

有爱心的人更乐于助人，并不求回报，这种人懂得世界拥有的温暖和美好。反之，没有仁爱之心的人不仅不愿帮助别人，甚至为了自己的利益去损害别人，这种人总觉得别人亏待自己，因为他们自私狭隘，所以，他们得不到幸福的人生。

一滴水可以折射出太阳的光辉，一件小事可以看出一个人素质的高低。仁爱的人是平和而感恩的人，他们会比处处苛责生活的人更能体会到生活中的快乐。"仁"是快乐之源，也是温暖自己、照亮别人的幸福之光。爱自己、爱别人、爱世界的人，才会更有生活的动力和希望，幸福、快乐也会与他们如影随形。

面对同一棵树，有人感谢它以绿叶为人们遮阳，有人看到的却是落叶要造成清扫的麻烦；面对阳光，有人感谢它给予人们温暖，有的人却因暴晒而抱怨。原因何在？就在于是否以仁爱之心、感恩之心看待生活。

人生在世，不能没有仁爱之心，否则怨气就会肆无忌惮地蔓延，生命中就没有激情，生活中就没有感动。

人应该以仁爱之心去面对生活中的一切。对生活怀有一颗仁爱之心的人，即使遇上再大的灾难，也依然能面对风雨；即使在人际交往中受了委屈，也能宽以待人，豁达大度。有仁爱之心的人会感谢生活给予自己的一切，也会理解他人的难处，不但不会抱怨别人对自己不好，同时还会体谅他人、理解他人。

两个旅人已经在沙漠中行走了多日，他们在口渴难忍的时候，找到了一碗水，两个人一人一半。面对同样的半碗水，一个人抱怨水太少，不足以消解他身体的饥渴，气愤之下竟将半碗水泼掉了；另一个人也知道这半碗水不能完全消除身体的饥渴，但他却有一种发自心底的感恩，并且怀着这份感恩的心情喝下了这半碗水。结果，前者因为拒绝这半碗水死在沙漠之中，后者因为喝了这半碗水，终于走出了沙漠。

有人说，生活好比一面镜子，你笑的时候它也笑，你哭的时候它也哭。奥格·曼狄诺指出："懂得感恩是一种有爱心的表现。在生活中的每一刻，我们都要尽量去感恩。"

1860年的一个暴风雨的夜晚，埃尔金圣母号轮船和一艘运木头的货船相撞，沉没了。船上的393名乘客落入了密歇根湖。这些人中，有279人被淹死了。爱德华·斯宾塞是一名大学生，他一次又一次地跳进水中，营救落水乘客。当他从水中救出第17个人时，精疲力竭地摔倒了，从此再也没有能站起来。在后半生里，他只能靠轮椅生活了。据芝加哥的一家报社报道，几年后，有人问他对于那个重大的夜晚，他感触最深的是什么，他说："我感触最深的，就是那 17 个人从来没有向我表示过感谢！"

普拉格的《快乐是严肃的题目》一书中也陈述了这样一个观点：人之所以不快乐，就是因为人的心态出了问题，没有仁爱之心是造成很多人不快乐的一大原因。

在这个世界上，有许多种爱，它们以各种方式存在，但我们有时却感受不到，这是因为没有一颗仁爱之心。所以，如果你拥有仁爱之心，就能体会到生活竟是如此美好。

"鸟笼效应"

心灵是自己做主的地方，但是有些人也常常用种种烦恼和欲望给心灵戴上枷锁，将自己束缚起来。这些人爱计较一时的得失、恩怨，时常与人较真，好不容易情绪平复了，却在心里留有疙瘩，郁郁难解。还有的人觉得无所事事，很容易产生失落感，于是东猜疑，西猜疑，心中难以平衡，这都是在无形中给自己的心灵上了枷锁。

在现实生活中，人们总是受到一些负面心理和情绪的影响，如害怕挫折和失败、不想被别人嘲笑和看不起等，结果却束缚了自己的手脚，使自己裹足不前。很多人感觉生活难、生活累，感到自己的人生有太多无奈与迷惘，这都是因为被自己营造的"心灵监狱"所监禁，这验证了心理学上的"鸟笼效应"。

"鸟笼效应"是一个著名的心理学现象，其发现者是美国著名心理学家詹姆斯。一天，詹姆斯和好友打赌，詹姆斯说："我一定会让你在不久之后养上一只鸟。"他的好友不信，因为他从来就不想养鸟。没过几天，恰逢好友生日，詹姆斯送来了一只精致的鸟笼。他的好友笑了："我只会把它当作一件精致的工艺品的，别白费劲了。"但从此之后，只要有客人来访，客人都会望着空空的鸟笼，无一例外的问："你养的鸟什么时候死了?"詹姆斯的好友只能一遍遍地向客人解释他从来就没有养过鸟，然而每次都换来客人怀疑的眼光。后来无奈之下，他只好买了一只鸟养在了鸟笼里。"鸟笼效应"被验证了。

事实上，我们自己不是也常常在心里先装上一只笼子，然后不由自主地往里面填东西吗?"鸟笼效应"说明人最难摆脱的是很多无谓的烦恼，只有明白了自己一生何求，学会明智地取舍，才能挣脱"鸟笼"的束缚，拥有自己的生活。

人生的道路崎岖不平，坎坎坷坷，难免有挫折和失误，也少不了烦恼和苦闷。遇到气愤难平的事先不要去想它，让自己思维转个弯，免得钻牛角尖与人较劲，给别人和自己带来无端的伤害和烦恼。等到心态平静，能理智对待，也许就能想出方法解决问题，化解矛盾，得到满意的结果。

一位老师在给幼儿园的小朋友上课时，在黑板上画了一个圈，问："小朋友们，你们想象一下，这个圈可能是什么？"小朋友们争先恐后地发言，结果在两分钟内小朋友们说出了 22 个不同的答案。有的说，这是苹果；有的说，这是月亮；有的说，这是一个烧饼；还有一个小朋友说，这是老师的大眼睛。

这位老师拿着同样的问题来到大学课堂，要课堂上的大学生们想象一下黑板上的圈可能是什么。结果两分钟过去了，没有一个同学发言。老师没有办法，只好点名请班长带头发言。班长慢吞吞地站起来，迟疑地说："这，大概是个零吧！"

这个故事是不是很让你感到意外？这样一个简单的问题，为什么幼儿园的小朋友能说出那么多有创意的答案来，而经过了小学、初中、高中，一路过关斩将的大学生们，面对同样的问题却答不出来？究其原因，就是小朋友的心灵没受束缚，思想积极自由，而大学生们的顾虑太多——有的会认为这么幼稚的问题，自己回答不对一定会被笑话；有的觉得事情有蹊跷，老师怎么会问这么简单的问题，答案一定很难。总之，他们的心灵已经被戴上了枷锁，无法单纯地来看待这个问题，导致本来简单的问题被弄得复杂化了。但这还不是最严重的，再看看下面这个故事：

一个小孩看完了精彩的马戏团表演后，跟在父亲身后去喂表演完的动物。小孩看见一头大象，不解地问："爸爸，大象有那么大的力气，而它的脚上只系着一条小小的铁链，难道它无法挣开铁链逃走吗？"

父亲微笑着说道："是的，大象挣不开那条细细的铁链，因为在大象还小的时候，驯兽师就用那条细细的铁链系住了大象，那时候大象也想挣脱这条小小的铁链，可是挣扎了几次都没能挣脱开，于是，它就放弃了这个念头，觉得自己根本无法逃脱，也就不再挣扎了。后来，尽管它长大了，已经有了足够的力气挣脱铁链，但是它的心已经被禁锢，它不愿意再尝试了。那条铁链不只拴住了它的腿，更拴住了它的心。"

其实，在我们的现实生活中，随着年龄和阅历的增长，人的心灵都会被一条看不见的铁链束缚着，这种束缚人们习以为常，即使能够挣脱，也不敢尝试。就像很多人往往惊羡别人所取得的巨大成就，当有人提出"其实你也可以通过努力获取这样的成功"时，他们却极力地否定："这怎么可能，我怎么能够和人家比，我不行的。"结果最终成为一个默默无闻的人。

因为心灵被束缚，有些人独特的创意被自己抹杀；因为心灵的被束缚，有些人为自己难以成为配偶心中理想的另一半而感到自卑；因为心灵被束缚，有些人觉得自己不是父母心目中有出息的孩子而自甘堕落……心灵的枷锁阻碍了很多人的前进，使人们向枷锁低头，甚至于认命服输、一蹶不振或者怨天尤人、自怨自艾。

努力改变心态，就可以挣脱心中枷锁的束缚，为什么不试一下呢？不要太在乎别人的看法，不要被一些陈规旧俗牵绊，挣开消极习惯的束缚，发挥自己的内在潜力，你就有能力改变自己所处的环境。人只要用力挣脱繁规缛节对心灵的羁绊，心灵才会突破樊篱，重获自由。给心灵自由飞翔的机会吧！让它重新做一只可以腾空而起的小鸟，这样就算再平凡的生活、工作，也能从中找到超乎寻常的快乐。

生命宝贵，如何能让自己心灵自由自在，让生命充盈着幸福呢？只有摆脱禁锢心灵的枷锁，解开心结，自我松绑。

很多人的心中都有心结，有首歌不是叫作《心有千千结》吗？那么，应该如何解开心结，给自己的心灵松绑呢？心理学上有一个"路径依赖效应"，是指在事物发展的过程中，其变化主要依赖于前因，而现实的影响很难发生效力。比如两地之间有一条弯曲的公路连接，如果一开始就走上了公路，那么一般很难再离开公路另辟蹊径；反之，如果一开始就另外寻找更近的小道，也许反而会比走弯曲的公路更好，也就是说，"路径依赖"主要与人的心灵自我捆绑有关。

心灵的自我捆绑一方面与人的心理惰性有关，另一方面是由于自己不能解开心结的心理惯性。这有点像人类社会中的制度变迁或者科学进步中的演进过程，类似于物理学的惯性，即一旦进入了某一路径，就可能对这种路径产生依赖而导致不能自我松绑。

捆绑住心灵的常常是人的欲望，而人的欲望又是无止境的。如果你做一个为了欲望而生的人，那么你的心灵就注定要被物欲锁住，欲舍不能，终将不堪重负。古人云"知足者常乐"，生活中其实有很多的乐趣，人应该愉快地去享受自己身边的趣事，保持心态平和，化解不良情绪，正确对待荣辱毁誉，不让自己困扰或生气。

《寓圃杂记》中讲述了杨翥容邻的故事，这个故事能帮助我们更好地理解为心灵"松绑"的重要性。

杨翥的邻居丢了一只鸡，声称是被杨家偷去了并要他们赔偿。家人气愤不过，把此事告诉了杨翥，想让他去找邻居理论。可杨翥却说："他们生活不如我们好，鸡虽然不是我们拿的，但送给他们一只鸡对我们也不会有什么损失，清者自清，日后他们自己会明白！"后来这个邻居找到了他的鸡，前来赔礼道歉，杨翥不但没有责怪他，反而安慰了他。

还有一位邻居，每当下雨时，便把自己家院子中的积水倒到杨翥家去，使杨翥家遭受水灾之苦。家人告诉杨翥，他却劝家人道："不必和他计较，毕竟下雨的时候少，晴天的时候多。"

久而久之，邻居们都被杨翥的宽容忍让所感动，纷纷到他家请罪。有一年，一伙贼人密谋抢劫杨翥家的财产，邻居们得知此事后，主动组织起来帮杨家守夜防贼，使杨家免去了这场灾难。

杨翥在宽容中解开了仇恨的心结，因为他有宽厚的容人之量，就可以给自己的内心"松绑"。

人在社会中不是孤立的，只想得到而不愿意付出，这是自私的表现。只有拥有一颗宽容无私的心，才能解开心结，给自己的内心"松绑"。

每个人都有自己的思维模式，这种模式在很大程度上决定了一个人的人生轨迹。"自我松绑"，让心灵清空，才能轻松地走好人生中的每一步，身心放松地投入生活和工作中。

有个年轻人刚搬入新居时，觉得自己的书房太小，就把书房四周的墙镶上了镜子，以使视觉空间增大。开始的时候，他觉得书房大了不少，可过了一段时间，他又觉得书房似乎一天天地变小了起来。事实上，书房的空间既没有增加也没有减少，为什么从前感觉小，装上镜子就感觉大，现在又感觉小了呢？对这个问题的困惑竟使他无法安心工作，加上每一次转身就看见镜中的自己，日久月深，他连转向都感到困难了，到最后他视书房为牢笼。

有一天，一位长者来到他家，他提起书房的事情，长者走进书房，看到四周的镜子说："你的书房四周都是镜子，你每天只能看到自己，看不到别的事物，感觉当然小了。如果你把镜子拿掉，换上窗户，就会敞亮好多呢！"

那人听了若有所悟，于是便按老人所说的，把书房的镜子打掉，装了两扇落地窗，整个书房果然开阔起来。他每天都站在落地窗前，看外面的繁华景象，可是不久后他又因为被窗外景色吸引、无法安心地坐在书桌前沉思和读书而苦恼。他不得不又去请教那位长者。

他说："您叫我安了落地窗，书房是大了，但是我现在每天都站在窗前，不能安心工作了，我到底该怎么办？"

长者说："心里没有窗户就看不到窗户外面景色了。"

那人若有所思。

美国著名的心理学家塞里格曼教授曾做过这样一个有趣的实

验：他把狗分成两组，一组为实验组，一组为对照组，并把实验组的狗放进一个有电击装置的笼子里，然后不断对狗施以电击，结果发现，它们刚开始时拼命挣扎想逃脱，但经过多次努力失败后，挣扎程度就明显降低了。随后他把实验组的狗放进一边有电击装置的笼子里，中间用狗可以轻易跳过去的隔板隔开，笼子的另一边没有电击装置。当他把狗放进这个笼子时，他发现它们在开始时惊恐万状，之后就一直卧倒在地忍受着电击的痛苦。而当他把没有遭受过电击之苦的狗放进这个一边有电击装置，另一边没有电击装置的笼子里时，它们全都跳过了隔板，从而逃脱了电击之苦。

实验组的狗在经历了第一次实验后就放弃了逃离电击的念头，以至于在后来可以轻而易举逃脱电击之苦的时候放弃了努力而甘愿忍受，这种现象被塞里格曼教授称之为"习惯性无助"现象，也被称为"塞里格曼效应"。

人的一生中，可以没有显赫的威名，可以没有万贯家产，可以不是伟人巨人，可以不是达官显贵，但只要自己的心灵是纯洁的，眼里的世界就会是美好的，快乐就会无处不在无时不在。所以，我们应当时常到镜子前面正视一下自己，鼓励自己热爱生活、享受生活，让快乐永远陪伴左右。人不管是在挫折中，还是在情绪

♣

低落时，都要给自己的心灵装上"窗子"和"镜子"，激发自己内心的乐观和坚强，这样才会有阳光的心态，才能收获美好的人生，才能发现生活中的无穷乐趣，甚至从困难、挫折和不幸中发掘出潜藏的希望。

清代名士曹庭栋说："事当值可怒，当思事与身孰重，一转意向，可以涣然冰释。"给心里装上"窗子"和"镜子"也是调节情绪的过程，它可以驱散人们心中的阴霾，从而获得平和、宁静的心态以及最大限度的幸福感。

无私之爱

人如果一定要在事情上较真，会有什么样的后果呢？下面的故事可以回答这个问题。

有两只小山羊，个性都很执拗。有一天，它们在河上的一座窄木桥上相遇了。桥板的宽度无法容纳两只小山羊同时过河，所以，它们之中必须有一个退回去给对方让路。争执之下，它们谁都不肯妥协，不肯给对方让路。最终，两只小山羊把犄角撞到一起，在小木桥上打起架来。由于独木桥很湿，几分钟之后，两只小山羊脚下一滑，便一起掉进了河里。

这是俄国著名教育家乌申斯基所写的童话故事，这个故事几乎为我们每一个人所熟知。也许很多人在读到这个故事的时候，都会为两只小山羊的结局而感到悲哀，但却很少有人能够意识到，自己在生活中也常常扮演着那两个小山羊的角色。

每个人心灵深处有一种潜藏的私欲，私欲的原始动力实际上来源于人的生存需要。可是随着社会的进步，人的自私之心成了贪欲的原动力，它使贪欲变得无边无际，无限制地扩展。如果不加以控制，就会使人陷入深渊。

从前，两个很要好的人决定一起到一个遥远的地方去。两人背上行囊，风尘仆仆地上路，誓言不达目的地绝不返回。

两个人走啊走，走了两个多星期之后，遇见一位白发苍苍的老者，便向老者问路。老者看到这两人如此千里迢迢，十分感动地告诉他们："从这里距离你们要去的地方还有十天的路程，但是很遗憾，我在这十字路口就要和你们分手了，而在分手之前，我想送给你们每人一件礼物。不过你们当中一个要先许愿，他的愿望会马上实现，而第二个人则可以得到第一个人的礼物的两倍。"

其中一个人心里想："太好了，我已经想好我要许什么愿了，

第七章　与人避让少恩怨

♣

215

但我不能先许，那样的话太吃亏了，应该让他先许。"而另一个人也怀有这样的想法："我才不会先许愿，让他获得两倍的礼物。"于是，两个人就开始假装客气地推让起来。"你先许！""你比我年长，你先许愿吧！""不，应该你先许愿！"两人彼此推来让去，后来两人都不耐烦了，气氛一下子变得紧张起来。"你干吗呀？""你先许啊！""为什么你不先许而让我先许？我才不先许呢！"到最后，其中一个气呼呼地大声嚷道："喂，你真不知好歹，你再不许愿的话，我就打断你的狗腿，掐死你！"

另外一个人见朋友居然和自己翻脸，而且还恐吓自己，于是想，你不仁休怪我不义，我没法得到的东西，你也休想得到。于是，他干脆把心一横，恶狠狠地说道："好，我先许愿！我希望……我的一只眼睛瞎掉！"

很快地，这个人的一只眼睛瞎掉了，而与此同时，他的朋友的双眼也立即瞎掉了！

这个故事本可以有一个皆大欢喜的结局，却因为两人的自私而变成了悲剧。自私者妄图比别人占有更多，结果却深受其害，自讨苦吃，输掉了一切本应属于他的东西，可见自私之心是要不得的。

人如果自私，就会漠视最真挚的感情，违背做人的基本道义，将诚信、互爱、无私等美德都丢弃在脑后。有些人虽然可能得到的越来越多，但在得到的同时也会被这些重重的财富压弯了脊梁，腐蚀了灵魂。

安妮曾在纽约一所大学攻读文学，后来她失业了，日子过得很清苦。安妮托亲戚朋友给自己介绍工作，后来她终于被亲戚介绍给一位职业作家，负值帮助这位作家编辑他已经撰写的一系列小故事。

这位作家见到安妮以后，决定让她试一试编辑的工作，作家将3个短篇小说交给安妮，并同意编好后付给安妮8000元。

编辑完1个小说之后，安妮内心开始琢磨，她认为她付出的劳动太便宜了，她想多挣钱，于是她建议作家将按件算钱改成按时算钱。作家说，假如安妮能够精确地记录自己的工作时间，他可以答应这样做，并且每小时付给她25美元。安妮很高兴，因为她从未得到过这么高的薪水。

安妮开始伏案编辑另一个小说。不久后她便意识到，扣除自己的生活起居和干一些杂事的时间，她每天花在工作上的时间只有10个小时。这样算来，编辑每个小说挣的钱比原来的计件工资少多了。她发现自己的做法是在搬起石头砸自己的脚，于是又想与作家重新"谈判"。本来是她没理，她却冲着作家生气地嚷道她吃

第七章 与人避让少恩怨 ♣

亏了，她觉得这样不公平。作家听完她的话后，认为她是个自私的人，最终终止了双方的合作，安妮又没了工作。

只想到一己之利而不顾及别人的人，永远都是自讨苦吃，甚至还会落入自己精心设计的陷阱而自食其果。因此切不可把外物看得太重，不能有占别人便宜的心理，要懂得情意比私心重要，人只有不为利欲所捆绑，才会避免坠入自私的罗网之中。"一念之欲不能制，而祸患流于滔天"，如果一个人驾驭不了自己的欲望，就会一步步走向灾难。而自古以来有道德的人，都不会为金钱名利所动。他们恪守本分，修德向善，不仅可以戒除各种私欲贪念，保持清净的心境，而且能够使福报更加久远。

明朝的两淮盐运司耿九畴淡泊名利，为政清廉，凡是有人托办私事，一概回绝。他平素不结交权贵，公事之余就焚香读书。他说："为官者最亲近的是百姓，若徇私舞弊，百姓就会受害。凡事都有是非曲直，岂能因私心而废弃了公理？"他的廉洁之名，妇孺皆知。

有一次耿九畴在水边感叹地说："这水真清啊！"旁边有位同僚对他说："河水再清澈，也比不上您操守的清廉啊！"耿九畴成为全国官吏和百姓的榜样，被任命为掌管全国官吏风纪的都御史，后任尚书。

不可否认，谁都会有私心，关键在于如何把握，如何适时自控。做人的学问其实就是如何驾驭私心这匹"烈马"，有操守有德行的人是能够做到这一点的。

从前有个国王非常疼爱他的儿子，总是想方设法满足儿子的一切要求。可即使这样，他的儿子依然是整天眉头紧锁，面带愁容。于是国王便重金悬赏，寻找能给儿子带来快乐的能士。

有一天，一个大魔术师来到王宫，对国王说他有办法让王子快乐。国王很高兴地对他说："如果你能让王子快乐，我可以答应你的一切要求。"

魔术师把王子带入一间密室中，用一种白色的东西在一张纸上写了一行字交给王子，让王子走入一间暗室，然后燃起蜡烛，快乐的处方会在纸上显现出来。

王子遵照魔术师的吩咐而行，当他燃起蜡烛后，在烛光的映照下，他看见纸上那白色的字迹化作美丽的绿色文字："每天为别人做一件善事！"王子按照这一处方，每天做一件好事，当他看见别人微笑着向他道谢时，他开心极了。很快，他就成了全国最快乐的人。

其实一个人在帮助别人时，无形之中就已经投资了情感，而别人对于你的帮助则会永记在心，也许日后会助你一臂之力。

所以，在别人遭遇痛苦或不幸时，绝不能冷眼旁观，而是要尽自己的力量给予同情和帮助。这种内心的温情，既能温暖别人，也会愉悦自己。人之初，性本善，人是有感情的，给予和付出比冷漠或索取更能让人感到快乐。

两个钓鱼高手到鱼塘垂钓，收获颇丰。忽然间，鱼塘附近来了十多名游客，也开始垂钓。没想到，他们无论怎么钓也毫无收获。

那两位钓鱼高手，一位自私自利、不爱搭理别人，独享钓鱼之乐；而另一位却是个热心、爱交朋友的人。他看到游客们钓不到鱼，就说："这样吧！我来教你们钓鱼，如果你们学会了我传授的诀窍、钓到了鱼，每十条就分给我一条，如果不满十条就不必给我。"

游客们欣然同意。就这样，这位热心助人的钓鱼高手把所有的时间都用于指导游客们，最终获得的竟是满满一大筐鱼，还认识了一大群新朋友，这些人左一声"老师"右一声"老师"，让他感到备受尊崇。而那个自私的钓鱼高手，却没享受到这种帮助他人的乐趣，同时他钓到的鱼也不多。

这个故事告诉我们，要想得到快乐，就要无私地去帮助别人，无私的人不计较个人得失，却往往比自私的人得到的更多。还有这样一个感人的故事：

有个人家在南方的一个山区，家里很穷，无法供他上大学。但是为了不放弃读书的机会，他独自北上求学，一边打工，一边念书，处境很是艰难，有时连一日三餐都难以保障。

一天下午，眼看晚饭时间就要到了，他却心情沉重，因为身边的朋友们商量着找个地方大吃一顿，问他要不要一起去，他故作镇定，推托说有事情要忙。朋友们离开了，他紧紧攥着口袋里仅有的几块钱，这些钱连买一份最便宜的饭菜都不够。

黄昏时分，他在街头独自徘徊，为了避免碰到熟人，他拐进一条小巷子，在一家小饭馆门口等待。饭店刚开不久，招牌看上去很新。等到店里的客人都离开了，他才面带羞赧地走进店里，低着头小声对老板说："请给我一碗白饭，谢谢！"

见他没有选菜，老板很纳闷，却也没有多问，立刻盛了满满一碗白饭递给他。他心里暗暗松了一口气，掏出钱给老板，又不好意思地问了一句："您这里还有没有菜汤？我想淋在饭上。"

老板娘端来菜汤，笑着说："没关系，尽管吃，菜汤免费。"

饭吃到一半，想到淋菜汤不要钱，他又多叫了一碗。"一碗不够是吗？这次我给你再多盛一点。"老板很热情地回答。"不是的，我是想带回去，当明天的午餐。"

老板听后走进厨房，过了好一会儿拿着个餐盒走了出来。他接过餐盒时觉得沉甸甸的，略有所思地看了老板夫妻一眼。老板笑盈盈地对他说："要加油啊，明天见！"话语中透露出请男孩明天再来店里用餐的意思。

那盒饭的确是沉甸甸的，里面装着的是白花花的米饭、一大匙店里的招牌肉臊和一颗卤蛋，体现的却是老板的无私和良苦用心。

他离开饭馆后，老板娘不解地问丈夫："我知道你看他还是个学生，而且生活很困难，所以想帮他。可是为什么不将肉臊和卤蛋大大方方地放在饭上，却要藏在饭底呢？"老板说："他要是一眼就见到白饭加料，说不定会认为我们是在施舍他，这不等于直接伤害了他的自尊吗？这样，他下次一定不好意思再来。如果他去别家一直只吃白饭，怎么有体力读书呢？"

回到学校后，他打开饭盒，明白了是怎么回事，不禁热泪盈眶。从那天起，他几乎每天黄昏都会来饭馆，在店里吃一碗白饭，再带走一碗，当然，带走的每一碗白饭底下，都藏着不一样的秘密。后来他毕业了，在往后的二十年里再也没来过这家饭馆。

一天，年近五十的老板夫妻接到市政府强制拆除违章建筑的通告，如果店面被拆，两人就断了经济来源，这使两人焦急万分。就在这时，一位身穿名牌西装的人物突然来访。"你们好，我是某某企业的副总经理，我们总经理让我前来恭请二位，希望你们在我们公司里开自助餐厅，一切设备与材料均由公司出资准备，你们只需要负责菜肴的烹煮，至于盈利的部分，你们和公司各占一半。"

夫妻二人大惑不解："你们公司的总经理是谁，他怎么会知道我们的事情，还要帮我们？"

"你们是我们总经理的大恩人和好朋友，总经理最喜欢吃你们店里的卤蛋和肉臊。"

就这样，二十年后，他再次见到了这一对曾经无私帮助过他的夫妻。现在的他早已不是当年那个为了一日三餐发愁的大学生，他通过自己的奋斗，已经成功地建立了自己的事业王国。当初如果没有老板夫妻的鼓励与帮助，他或许连学业都难以顺利完成，而成功后的他一直都在默默关注这对夫妻，等待机会报答他们。

无私是快乐的源泉，无私之人为别人带来快乐的同时，自己也会处于快乐的包围之中。快乐是可以分享的，给别人分享的快乐越多，自己获得的快乐就会越多。

生活中我们总会遇到这样或那样的困难，一个人不可能一辈子都一帆风顺，如果你失意的时候曾得到过他人的帮助，一定要时刻记在心中，想方设法进行回报，并把无私的爱传递给更多的人。

第八章

修炼心态成大器

严以律己

一位心理学家把四段访谈录像分别给不同的被试者观看。在第一段录像中，接受主持人访问的是一个非常优秀的领导者，他态度自然，谈吐不俗。当主持人故意抛给他一个难题而后指出他在一些细节上的疏漏时，他表现出怒目而视的态度。

在第二段录像中，接受访问的是一个成功人士，他在台上的表现有些慌乱，当他被要求介绍自己的成就时，他甚至不小心把面前的咖啡杯弄洒了，他赶快向观众道歉。

在第三段录像中，接受访问的是一个普普通通的没有什么成绩的人，他回答一个问题时非常窘迫，把自己的紧张暴露无遗。

在第四段录像中，接受访问的也是一个普通人，和第二段录像中的人一样，他也把面前的咖啡杯弄洒了，但他没有向观众道歉。

放完这四段录像后，心理学家让被试者从中选择他们最喜欢的人，结果95%的人选择了第二段录像中的人。

这就是心理学中的"仰巴脚效应"，意思是对于那些取得过突出成绩的人或者领导者来说，一些偶尔的失误或者过失其实并不会影响他们的威信，反而会增加人们对他们的好感，让人们从内心深处觉得他们是有人情味、很真诚、值得信任的人，这样的领导者也才能得到大家的拥戴。当然，其前提是他们要敢于面对自己的过失或者细节上的瑕疵，不掩饰自己的缺点。相反，如果一个人没有严于律己的真诚态度，不容许别人指出他的缺点，甚至利用自己的权势压制别人，也会失去人心。

历史上有刘秀严于律己宽待下级，董宣以正压邪君臣和睦的故事。

一日，刘秀的姐姐湖阳公主外出，当公主乘坐的车驶过洛阳城内有名的夏门亭时，洛阳令董宣带着一班衙役挡住了公主的车。董宣要拘捕湖阳公主的一个家奴，据侦查，这个家奴也跟着公主的车队出来了。湖阳公主见小小的洛阳令竟敢公然阻拦皇亲的车队，便勃然大怒，大声斥责董宣胆大妄为。董宣毫不胆怯，回敬湖阳公主，说她包庇杀人犯，并严令这个犯有杀人罪的家奴快下马来。湖阳公主想庇护那个家奴，但已来不及了。只见董宣眼疾手快，令手下迅速把那个家奴抓过来，并当着湖阳公主的面，当场把那个家奴处死了。

湖阳公主气得发抖。她从未遭到过如此羞辱，这口气无论如何也咽不下去。她调转车头，直奔皇帝居住的禁宫而去。皇姐驾到，刘秀当然要见。湖阳公主一面向刘秀哭诉事情的原委，一面要刘秀替她出这口气，严惩董宣。

刘秀清楚董宣的为人，此人刚正不阿，执法如山。当年他担任北海相时，曾经捕杀了犯有杀人罪的当地豪族公孙丹父子，还杀了到衙门叛乱的公孙丹家族的 30 余人。事情一闹大，朝廷便把董宣逮捕，并以"滥杀罪"判其死刑。董宣却毫无惧色，视死如归。准备行刑时，刘秀的赦令传到，董宣才得以幸免。

刘秀虽然了解董宣的性格，但也难以咽下皇姐当众受辱的这口恶气，他立即下令让卫士把董宣抓进宫来，准备处死他。

董宣还是面不改色。他说："因陛下圣明，汉室才得以中兴，但如果自己亲属的家奴无故杀人而不受制裁，那陛下还如何治天下？要臣死不难，臣自杀就是。"说完就把头向门槛上撞去。

刘秀被董宣一身的正气所打动，感触颇多："如此刚正之臣，能治罪吗？"后来，刘秀虽然免了董宣死罪，但为了维护作为皇帝的威严，刘秀要董宣向湖阳公主叩头赔不是。耿直的董宣就是不愿叩头，宦官强按住他的头，董宣依然死命不肯低头。湖阳公主气不打一处来，她对刘秀说："你是当今天子，为何就不能杀了他呢？"刘秀说："正因为是天子，才更要做天下的表率啊。"湖阳公

♣

主无奈，只得回府了。

海纳百川，有容乃大。刘秀身为一国之君，能够放下自己的架子，不护短，严于律己，宽待下级，这样的人最能得到众人的拥护。

美国的励志大师戴尔·卡耐基说："也许我们不能像圣人那样去爱我们的仇家，可是为了自己的健康和快乐，我们至少要原谅他们，忘记他们，这样做其实很明智。"

汉朝的卓茂为官清正，爱民如子。他走到一方，就会感化一方，深受人们的爱戴与敬仰，名冠天下。汉光武帝即位之后，第一件事就是去拜访卓茂，请他出任"太傅"，并封他为"褒侯"，而且还给他的两个儿子加官封爵。

卓茂任丞相时，有一天，他刚从相府骑马出来，忽然有人冲到他面前，拉着他的马不放，硬说那匹马是自己的。

卓茂不急不恼，反而心平气和地问他："请问您的马丢了多久了啊？"

那个人说："有一个多月了！"

卓茂一听就知道是对方弄错了，因为他这匹马已经骑了一年多了。但是他什么也没有说，也不跟对方争辩，默默地把这匹马的缰绳解开，让那个人把马牵走了。临走的时候，卓茂还叮嘱道：

"如果您发现这匹马不是您的话，请您牵到我朋友那里还给我。"

　　没过多久，那个人找到了自己的那匹马，于是把卓茂的马还了回来，得知卓茂是宰相，连连谢罪并且向卓茂叩头致谢。

　　其实，勇于认错、宽以待人不仅仅是一种美德，更是一种严于律己的智慧与仁爱。宽容与仁厚总是相互依存的。

　　中国有句俗语：击水成波，击石成火，激人成祸。智者不会激化人际矛盾，而是会更为妥善地处理矛盾。莎士比亚曾经说过："宽容就像是天上的细雨滋润着大地，它赐福于宽容的人，也赐福于被宽容的人。"。

　　心理学中有一个"互惠效应"，是说受人恩惠就要回报，所以，我们在与人相处时，应该回报他人为我们所做的一切。

　　请看一个感人的故事，这个故事发生在美国。

　　一个大雪纷飞的夜晚，布朗先生独自驾车回家，不料车子却在一片四下无人的荒野中抛锚了。正当他不知该如何是好，又冷又饿、又怒又气地咒骂这个鬼天气时，一个年轻人正好驾车经过，当他得知布朗的遭遇后，立刻拿出绳索绑住两部车，然后拖着抛锚的车到下一个城镇去修理。

　　可以想见布朗对这位年轻人的感激之情，他当下拿出一笔钱作为报答，不料年轻人却摇摇头微笑着拒绝了。他告诉布朗说："我不是为了获得报酬才做这件事，你若真想报答我，就请答应我一个要求好了。"布朗略感诧异地凝神倾听年轻人所讲的要求是什么。

年轻人对布朗说："希望今后当你遇到需要帮助的人时，你能够尽你所能地去帮助他，若他也像你现在这样想要报答你，请你把我现在告诉你的话一样地告诉他，这就是对我最好的报答了。"布朗惊呆了，他停止了对自己不幸遭遇的咒骂，内心升腾起了一股暖流。

时光飞逝，一晃二十多年过去了，布朗从没有忘记对年轻人的承诺，只要遇见需要帮助的人，他总是义不容辞地去帮助他们，当受助者想要回报他时，他也总是重复当初那个年轻人告诉他的话。在不断帮助别人的过程中，布朗深深体会到助人为快乐之本的真谛，他的日子过得充实而愉快。

有一天，布朗独自驾小船出海去钓鱼，不幸遇上了暴风雨，小船禁不起大浪的折腾翻了，布朗抱着救生圈在海上漂流了一天一夜，最后被冲上一座荒凉无人的小岛。

过了几天，一个来孤岛附近钓鱼的小伙子发现了已命在旦夕的布朗，并救了他。事后布朗非常感激地拿出一笔钱作为答谢，没想到小伙子竟告诉他："不需要这样，只要今后当你遇到需要帮助的人时，你都能够尽量帮助他，并且请他跟你一样，去帮助需要帮助的人，这就是对我最好的报答了。"

"这就是对我最好的报答了。"多么耳熟能详的一句话，这句话刹那间让布朗热泪盈眶，他突然明白，原来过去这二十多年，他自以为是在帮助别人，其实他真正帮助的是他自己。助人的善念在人间传递，若干年后像转轮一样又转回到他的身上，若不是有这么多的人共同传递这份善念和爱心，他今天或许就不会获救。

每个人都应该用真诚、善良去助人一臂之力，去化解怒气和纷争，赢得别人的尊重，用严以自律的品德给自己和别人带来幸福。

在美国纽约中央车站，有位快乐的搬运夫，他是一名黑人，大家都不知道他的真名，于是叫他"红帽42号"。

某天早晨，当他进入车站，突然发现月台上有辆轮椅，上面坐着一位高贵的老妇人，低垂着头，很难过地在拭着眼泪。他立刻走过去，柔声对她说："夫人，早安，请问有什么可以帮您？"

老妇人带着歉意的口吻说："对不起，刚才让你看见我在流泪。""没有关系，如果心里有难过的事，就尽管哭吧，这样会比较舒服一点。""你知道吗？我的腰背受伤很严重……你知道什么叫痛吗？"黑人弯下腰，让她看看他的双眼，说："您看，我的左眼是义眼，年轻时我的眼受伤了，眼被挖掉时那种刺痛简直令人无法忍受啊!""那时你怎么办?""我只有祷告上帝呀!""祷告?是祈求上帝将疼痛消除吗?""不!我只是求上帝赐我力量,让我能忍受得住。"

这时刚好火车进站,他就推着轮椅送老妇人上车。这件事就这样过去了。

大约半年后,当"红帽42号"照常在月台上帮旅客提行李时,突然听见广播:"'红帽42号','红帽42号',请到站长室,有人找你。"他走进站长室,看见一位很清秀的妙龄少妇。这位少妇见到"红帽42号",立刻起身恭敬地向他行礼,然后说:"不知你是否还记得,半年前有位坐轮椅的老太太在这月台上得到了你的帮助,在她极其伤心痛苦的时候,你温柔的安慰与鼓励使她得到很大的帮助。自从那天回家之后,她整个人都改变了,不再怨天尤人,不再流泪悲伤,每天都欢喜快乐,也使家人受到感染,使家里充满光亮。上周她在安详中离开了这个世界,离世前一再吩咐我,要我亲自到中央车站,向她的恩人——'红帽42号'先生表示感谢与敬意。"

"红帽42号"的故事告诉我们,如果每个人都能有一颗律己之心,世界一定会变得更加美好。

人生输赢

美国的科勒教授曾做过这样一个小鸡的视觉辨别实验：他分别用两张纸盖住谷子，一张纸是较浅的灰色，另一张纸是较深的灰色。如果小鸡啄的是较浅的灰色纸下面的谷子，就让它吃；如果小鸡啄的是较深的灰色纸下面的谷子，就不让它吃。这样反复变化两张不同颜色的纸，经过大量实验后发现，如果把较深的灰色纸换成更浅的灰色，小鸡也会相应地改变行为而转向这张纸来寻找谷子。

科勒认为小鸡不是对特殊刺激做出的反应，而是对整个情景下物体之间的相对关系做出的反应。这只是低等动物的本能，而作为高等动物的人类，当然不会出现这种现象。

这就是心理学上著名的"格利塔斯效应"。它告诉我们，执着于输赢的人考虑事情就会像小鸡只啄灰色纸下面的谷子一样可笑，因此，看问题要从全局出发，不能只考虑眼前的成败得失而不考虑全局的发展。一个缺乏全局观念的人总是执着于一时的成败，对将来不会有大的谋划。一个人要想成功，必须忍受一时的痛苦，熬过眼前的失败，用长远的眼光权衡利弊。因为眼前的输赢并不是最后的成败，如果不顾大局、意气用事，更容易造成最后的失败。

中国古人有这样一句智慧的话："莫以成败论英雄。"因此，我们要做好心理准备，面对各种挑战，我们赢要赢得开心，输也要输得坦然，因为豁达的人生态度始终是我们应该追求和拥有的。

有一个打赌赢饼的故事也许可以给我们一些启发。

有一位禅师喜欢在附近的村中找一些儿童玩耍。有一天，禅师跟一个儿童玩游戏斗输赢，双方约定输了的人要买饼子犒劳对方。禅师说："我是一只大公鸡。"儿童说："我是一条虫子。"于是，禅师做出公鸡扑食的样子说："大公鸡吃虫子，我赢了！"儿童也不示弱，说："我是会飞的虫子，我不会飞走吗？你是捉不到我的，你怎么能赢呢？"

结果，禅师只好认输，领着儿童去给他买饼子了。

为什么禅师会认输？因为，当自己是公鸡、对方是虫子而彼此发生争执的时候，按照一般的逻辑来看，当然是虫子打不过公鸡。然而，天真无邪的儿童却说出一飞了之的答案，可见有智慧的人赢了开心，输了也快乐。

可在现实生活中，为什么有些人总是把输赢看得很严重，事事都要争强斗胜呢？有些人终其一生都在千方百计、不择手段地去争：学习上要争第一名，工作中要争高奖金，到了老年又想让自己的下一代胜过别人家的子女。这样的人实际上是成了输赢的奴隶。其实仔细想想，人生中的输赢难道真的就那么重要吗？一个人如果赋予了输赢不同的意义，那么输就会有输的意义所在，赢也会有赢的压力所在。不要计较无关紧要的输赢，才是智慧的体现。如果一个人能放下输赢，就能平安自在地乐享人生。

争先是上进的表现，但争先不一定要事事都比别人强；认错未必就是输了面子，敢于认错是在为自己树立良好的形象。若每个人都有勇于认错、勇于对自己的行为负责的态度，不但会消除人与人之间的隔阂与误解，而且还会赢得他人的尊重。

苏东坡和秦少游乃是世人熟知的才高八斗的大文豪，两人常常为了谈学论道而争论不休，互不退让。有一天，两个人在一起吃饭的时候，刚好看到一个许多天都没有洗澡的人走过，身上爬满了虱子，东坡先生就说："那个人真脏啊，身上都生出虱子来了！"

这时，秦少游却表示反对，说："我看那虱子分明是从棉絮里长出来的！"

两个大才子各持己见，争执不下，于是决定去请佛印禅师论公

第八章　修炼心态成大器 ♣

237

道，并且约定输的一方要为一桌酒席付账。

求胜心切的苏东坡私下跑到佛印禅师那里，请他务必要帮帮自己。可不久之后秦少游也跑去向佛印禅师求助，佛印禅师分别答应了他们。

两人都以为胜券在握，放心等待评判结果，谁知禅师评断说："虱子的头是从污垢中生出来的，而虱子的脚却是从棉絮中长出来的。"两人一听，都明白了禅师这一评断的深意。

其实，佛印禅师只是充当了一个"和事佬"的角色，换了种思考方式，将苏东坡和秦少游的观点巧妙结合，使之和谐共存。

有人说过："放下输赢，你就赢了。"还有人说："竞赛的输赢只是一时的，能真正受到肯定的，是对别人贡献最多、活得最精彩的人。"有时候，人们一心只想着去赢，反而会输得更惨。而乐观豁达的人能看淡胜败，这样的人才会有快乐的人生。

在一次长跑比赛中，参加最后角逐的十几个人都是被精心挑选出来的。但是，比赛所设的奖项只有三项，因此，这场竞赛也就变得非常激烈。在这些参赛选手看来，这一场竞赛不仅是为了奖杯而战，更是为了自己的荣誉而战。

一声发令枪响之后，选手们一个个像离弦的箭一样冲了出去。其中一位选手在比赛中一直遥遥领先，可是就在他即将达到终点

238

的时候，他却突然颤抖了一下，差点跌倒在地上。因为这个小小的失误，他最终只得了个第四名，与奖牌失之交臂。同时，他还遭到了那些成绩不如他的选手的嘲笑。

"竟然跑出了这样的成绩，跟倒数第一也没有什么区别了。"有的人这样说。

"要是再坚持一会儿就好了，可是却在阴沟里翻船了!"还有的人这样说道。

然而，面对众人嘲笑，那个选手却显得十分坦然，并没有表现出一丝悲伤的神色。

"难道你就不为自己的失误感到一点遗憾吗?"有人不解地问他。

"这并没有什么好遗憾的，失误是因为我当时过分在乎胜负而造成了紧张心理，而这次失败也让我记住了这个惨痛的教训。虽然我没有拿到奖项，但是我却学到了人生中最宝贵的经验，在以后比赛中我还会赢的!"

失败，对任何人来说都不会是件高兴的事，所以大部分人在面对失败时都会觉得沮丧、灰心，甚至丧失了斗志和勇气。可是人生没有一帆风顺的，人总是要经历失败的，其实失败并不可怕，可怕的是你因为失败而放弃对成功的追求。没有永远的失败，也没有永远的成功。能够在输赢面前保持豁达的心态，远比拿到奖项和荣誉更重要，也更为珍贵。因为，只有将输赢看淡，做到赢得起也输得起的人，才会真正取得人生的成功。

许多人都看过《卡尔·威特的教育》这本著名的书，这本书写于 1818 年，是世界上最早论述早期教育的文献之一。

卡尔·威特在生下来时是一个智障儿，但他的父亲老威特运用了一种与众不同的教育方法，使小威特 8 岁时，就已经掌握德语、法语、意大利语、拉丁语和希腊语 5 种语言，同时，小威特还通晓动物学、植物学、物理学、化学，尤其擅长数学。小威特在 9 岁时就考上了哥廷根大学，未满 14 岁时就被授予哲学博士学位，16 岁时又获得法学博士学位，并被任命为柏林大学的法学教授。

对于这样一位天才少年，父亲老威特非常注意培养他谦虚的习惯，他禁止任何人表扬他的儿子，生怕孩子滋长骄傲自满情绪，进而毁了他的一生。

他为什么要这样做呢？因为他非常了解孩子的心理，自己的孩子实在太优秀了，太优秀的孩子往往经不起表扬，表扬过多往往会导致孩子骄傲自满心理的产生。因此，他在生活中有意识地避免表扬孩子。

谦虚是为人之本分，骄傲心理是指由于过高地估计自己、过低地估计别人而引发出的一种傲慢自负的心理状态，这种心理状态对人对己都是极为有害的。

有一部著名的动画片《骄傲的将军》，讲的是一位曾经百战不败的将军，每日练武、磨枪，武艺越练越高强，长枪也越磨越锋利，每战必胜，于是就滋生了骄傲情绪，觉得自己的武艺举世无双，打遍天下无敌手，就开始懈怠起来，刀枪入库，马放南山，终日饮酒作乐。突然有一天兵卒来报，敌军压境，兵临城下。将军仓促应战，不料长枪锈迹斑斑，马无驰骋之力，与敌军刚刚交战一个回合就被生擒。这个故事表现的"骄兵必败"的道理早已为人们所熟知。

可是，对于很多人而言，最容易犯的毛病就是骄傲，心理学上的"卢维思效应"辩证地告诉了我们什么是谦虚为人。美国心理学家卢维思认为，谦虚不是把自己想得很糟，而是要给自己信心，这样才有助于成长。

那么如何才能给自己信心呢？虚怀若谷的人懂得弃旧图新，不断开阔自己的视野，扩大交往的范围，从生活中学习新的知识，不断践行"生有涯而学无涯"的信念，永远对生活充满激情，充满好奇心，这样才能迎来崭新的自己，才能让自己充满活力。

"我"这个字是"手"和"戈"的组合，古义就是"每个人

第八章 修炼心态成大器 ♣

手上都拿着刀剑、武器"。两人在交往中如果互不相让，都不能适当谦虚一点，最后一定会争执得两败俱伤。所以双方在沟通中不能只强调"我"而妄图压制对方，这是一种缺乏理智的表现，是解决不了问题的。

有一位商人有一腔抱负，但常感到力不从心，又觉得做的几单生意获利不多，因此总是心情不畅，为了排解苦闷，他向一位智者请教。

那位智者拿出一个瓶子，让他往里面装石头。装满后，智者问："还能再装吗？"商人回答说："不能再装了。"

那位智者找来一些碎石子往瓶子里装，结果装进去很多。又问："还能装吗？"商人思考片刻，看着那位智者迟疑地说："不能再装了吧？"

那位智者笑了笑，又往瓶子里装细沙，结果，又装进了好多沙子。装完后，智者问商人："还能再装吗？"商人没有即刻回答，左思右想了好半天，肯定地说："不能再装了。"

那位智者盛了一些水让商人往瓶子里倒，自然又装进去了很多。

商人大受启发，高高兴兴地谢别了那位智者。回家后，商人的事业果然蒸蒸日上。可没过几年，商人又找到那位智者，说："自从您给我开示之后，我的生意越来越好，可是，我的人生还有很长，不能就停留在这里，否则我的后半生不就荒废了吗？"

智者点点头，很欣赏他的上进心，然后又拿出一个瓶子，让商人按上次见面时一样把瓶子装满，商人很快就把瓶子装满了，先是石头，然后是石子、沙子，最后倒入水。这时，智者问了商人一个老问题："还能再装吗？"

商人皱了皱眉，他不理解怎么还是同样的问题，就说："水已经是最细微的了，再也没有什么东西可以填进水的空隙里去了。"智者又问："还能再装吗？"商人再也想不出还能有什么可以装进瓶子，只好摇摇头。

这时，智者拿起瓶子，将瓶子里的水、沙子、石子、石头全都倒掉，又问商人："现在能再装东西吗？"

看着空空如也的瓶子，商人顿悟。

我们虽然不能控制生命的"长度"，但却可以用虚怀若谷的心态拓宽生命的"宽度"。人要想让自己立于不败之地，就要像往瓶子中不断装入不同的东西一样不断扩充心灵，同时还要时时清空内心，修炼自己的内心，再装进新的东西，让自己更进步。

♣

自我封闭

自我封闭，其实是人的一种心理防御机制，是由于个人在生活及成长过程中遇到的挫折引起的个人焦虑。人作为群体性动物，需要与他人交流。自我封闭会人为地剥夺这项需求，使人的情感隔绝，孤独感油然而生，久而久之，心理活动也就变得病态化了。

在大自然中，花儿是时间到了就开，并且是一朵一朵地开放，即使严冬到来，也不必担心下一个春天不会再有美丽的花朵。这是大自然的规律。

同样的道理，我们也应该让生命中的花一朵一朵地开放，每朵花都代表人生阶段中一个相对独立的成长过程。但如果自我封闭，即使长出美丽的花朵也会无人欣赏。

有一个人大学毕业没几年换了好几家公司，每一次他总是满怀信心地开始工作，但一旦业绩不好，就怪公司不好，怪同事不好，怪产品太贵不好卖，怪顾客品位太低没水平等等。他从没有心平气和地检讨自己到底犯了什么错，总是事事挑别人的错。结果，他不管在什么公司工作，总是过了一段时间后就满腹怨气地辞职了。因为他的浮躁心态和自我封闭的心理，他到哪里都爱与人争执。工作多年以后，他的事业没有什么起色，依然在不停的跳槽中"折腾"。

每个人的内心都有一座漂亮的大花园。如果我们愿意让别人快乐，同时也让这份快乐滋润自己，那么，我们心灵的花园就永远不会荒芜。

罗曼太太是一位贵妇人，她在亚特兰大城外建造了一座花园。花园非常漂亮，吸引了众多游客前来参观，他们跑到罗曼太太的花园里毫无顾忌地游玩。在绿草如茵的草坪上，年轻人跳起了轻快的舞蹈；小孩子扑进花丛中追逐蝴蝶；老人坐在池塘边钓鱼；一些人甚至在花园当中支起了帐篷，打算再次过他们罗曼蒂克式的仲夏之夜。

罗曼太太站在窗前，注视着这群快乐的人们，看着他们在属于自己的花园里尽情地娱乐，她越看越气愤，就叫佣人在园门外竖起一块警示牌，上面写着：私人花园，未经允许，请勿入内。可是这毫无用处，那些人还是结伴走进花园嬉戏。罗曼太太只好让她的仆人前去劝阻，结果双方发生了争执，有人竟拆掉了花园的篱笆墙。

后来罗曼太太想出了一个绝妙的计策，她让仆人把警示牌取下来，换上了一块新牌子，上面写着：欢迎大家前来，不过为了安全起见，本园的主人温馨提醒大家，花园的草丛中有一种奇毒无比的大蛇，如果哪位不幸被咬，请在半小时内采取紧急救治措施，否则性命难保。最后告诉大家，离此地最近的一家医院在威尔镇，驱车大约 50 分钟即到。

　　这真是一个绝妙的计策，那些游客看了这块牌子后，再没踏进这座美丽的花园。可是几年后，人们路过罗曼太太的花园时，却发现园子里已经杂草遍地，毒蛇横行，快要成废墟了。而现在冷清、孤独的罗曼太太守着她的大花园，非常怀念过去那些曾经来她的园子里快乐玩耍的游客们。

　　自我封闭的人大部分都是自私自利的，他们朋友很少，对生活毫无激情，情感麻木，因此很容易陷入孤寂之中。这些人脸上很少有笑容，他们总是害怕别人占了自己的便宜。这样的人有谁喜欢？他们得到的结果会是什么呢？在封闭自己的同时，他们也远离了欢笑、喜悦。

　　生命是一个过程，在这个过程中，我们会与很多人、很多事物交往，我们会有很多喜好、很多追求，所以，我们必须认清真正的自我，放宽内心，在满足自己的同时多给予别人一些欢乐。就像如果你拥有四个橘子，请不要把它们全都吃掉，和大家分享，让大家都品尝到一点美味又有什么不好？如果你把它们全都吃掉，虽然感觉很好，但你也只是吃了四个橘子，只尝到了一种味道——橘子的味道。如果你把另外三个拿出来给别人吃，尽管表面上你失去了三个橘子，但实际上你却所收获了其他三个人的友情和好感，甚至以后你还能得到更多，当别人有了水果时，也一定会和你分享，你会从这个人手里得到一个苹果，那个人手里得到一个梨，最后也许你可以尝到四种不同的水果、不同的味道。这就是分享能带来友谊、友谊能带来欢乐的道理。

"赠人玫瑰，手有余香"已是被证明了的真理，中国古人有"独乐乐，不如众乐乐"的古训。虽然我们可能因为与别人分享而减少了自己的享用，但这并不是损失，相反，从长久来看反而会增加内心的祥和与欢乐。因为我们会以自己的大公无私赢得更多的朋友，拥有更广阔的人脉，为自己开拓出更宽广的交友道路。与人交往时不能斤斤计较于眼前的得失，只有开放自我、摒弃私心杂念，懂得付出，才能使自己被别人接受，享受到人间的快乐和温暖，而不再感到孤独与寂寞。我们每个人的发展高度，都取决于自我开放、自我表现的程度。越是大公无私的人越能得到更好的发展，因为他们的内心是开放的状态。

摆脱自我封闭既要理解他人，又要珍惜与我们相识相知的每一个人。其实与我们相逢相遇的每一个人都可以成为我们的朋友，让我们感受到人间处处有真情的美好，这是生命的恩赐。一个人孤孤单单、形影相吊当然会有离群索居的寂寞悲苦，甚至会形成"自我否定"的消极情绪，造成思维狭隘、悲观厌世的心态。

人具有社会性需求的本能，必须像大雁"合群"一样在群体中生活，需要让他人认识自己、肯定自己，才能找到生活中的快乐，顺利地到达理想中的幸福彼岸。掉队的大雁总是形影相吊，而且境遇悲惨，大多数情况下不可能飞得很高很远。人生也是一样，要将自己融入到人群中，才能找到力量，飞得更高更远。

王小波说过：一个人活此生此世是不够的，他还应当拥有诗意的世界。要学会"诗意地栖居"。

古时候一个佛学造诣很深的人，听说某个寺庙里有位德高望重的老禅师，便去拜访。老禅师的徒弟接待他时，他态度傲慢，心想：我是佛学造诣很深的人，你算什么？

后来老禅师十分恭敬地接待了他，并为他沏茶。可在倒水时，明明杯子已经满了，老禅师还不停地倒。他不解地问："大师，为什么杯子已经满了，还要往里倒？"禅师说："是啊，既然已满了，干吗还倒呢？"

禅师的意思是，既然你已经很有学问了，干吗还要到我这里求教呢？

这个故事就是著名的"空杯心态"的由来。

工作中、生活中烦恼种种，有时会让你应接不暇、焦头烂额，你能应对吗？或许一天、一周、一个月、一年可以坚持，但日久天长，你又会怎样呢？人生中种种内忧外患，会逼迫得人心浮气躁，焦虑不安，你能从容对待吗？

一天，一位哲学家率领诸弟子走在街市上，整个街市车水马龙，走出一程后，哲学家问弟子："刚才看到的忙忙碌碌的人中，哪个是面带喜悦之色呢？"弟子们回答道："街上人很多，但人人好像都面带焦虑之色，没有人脸上有笑容。"哲学家说："人人都为琐事所累，为利欲奔波，当然焦虑。"

哲学家率众弟子继续往前走，前面是一片农舍，三三两两的人在田里穿梭忙碌着。哲学家打发众弟子四散而去。过了一段时间之后，哲学家又问弟子："刚才见到的村民中，哪个人的生活看起来更充实呢？"一个弟子上前一步，答道："有个村民家里养着鸡鸭牛马，还有几十亩田地要耕种，他始终汗流浃背地忙碌，看起来挺充实的。"哲学家说："源于琐碎的充实，最后终归要迷失在琐碎当中，也不是最充实的。不信你们去问问他，他的人生有什么乐趣?"弟子们一问,那人果然感叹自己为生活所累,并没有什么真正的快乐可言。

一行人继续往前走,前面坐着一位老者,一边放羊一边往远方眺望。哲学家随即止住众弟子的脚步,说:"这位老者的心灵一定是充实而快乐的。"众弟子面面相觑,心想,一个放羊的老头,孤独寂寞,怎么会生活得充实而快乐呢?哲学家看了看迷惑不解的弟子们,朗声道:"难道你们看不到他的心灵在快乐地散步吗?"

心灵是最忠诚的朋友,永远不会离弃你。孤独时、彷徨时,这位朋友是你最忠实的听众,它没有怨言,不离不弃地陪伴着你,有的只是温暖和包容。但它也会在凡尘杂念中疲惫,因此,当你心情焦虑不安时,能否学学那位老者,暂时抛开琐事,让心灵自由随性地散步?

放空心灵非常重要,宁静的心态有助于人更好地反思自己,时时调整和明确人生的目标。所以,经常仔细聆听自己的心灵之音,或许在生活中会享受无穷的幸福。

《老子》一书记载了这样一个故事:

孔子一心求仁义、传礼仪,让天下百姓都讲仁义、懂礼仪,虽然到五十一岁时仍未实现自己的想法,但孔子仍然孜孜不倦地追求着自己的目标。一日,孔子听说老子回归宋国沛地隐居,特携弟子前去拜访。老子见孔子来访，让于正房之中，问道："一别十数载，闻你已成北方大贤才。此次光临，有何指教？"

孔子拜道："弟子不才，虽精思勤习，然空游十数载，未入大道之门。故特来求教。"

老子曰："欲观大道，须先游心于物之初。天地之内，环宇之外。天地人物，日月山河，形性不同。所同者，皆顺自然而生灭也，皆随自然而行止也。知其不同，是见其表也；知其皆同，是知其本也。舍不同而观其同，则可游心于物之初也。物之初，混而为一，无形无性，无异也。"

孔子问："观其同，有何乐哉？"

老子道："观其同，则齐万物也。故可视生死为昼夜，祸与福同，吉与凶等，无贵无贱，无荣无辱，心如古井，我行我素，自得其乐，何处而不乐哉？"

话说到这里，孔子终于明白了。他想自己出生之前，有何形体，有何荣名？再想自己去世之后，有何肌肤，有何贵贱？于是乎求仁义、传礼仪之心顿消，如释重负，无忧无虑，悠闲自在。

这个故事告诉我们心游物外的智慧，常放松身心，静心体悟世界的美好，便会识得自己本来的面目；凡事不妄求于前，不追念于后，从容平淡，自然达观，随心、随情、随理，你便能拥有诗意的生活。人生的幸福不单单是靠奋斗创造出来的，还可以用本能的智慧去领悟去判断。

心安，就是忘记一切私心杂念，给心灵自由自在的感受。没有山珍海味，心安的人一样吃得香；没有金屋龙床，心安的人一样睡得安稳。面对人生的苦难，若能心安，就连苦难也会淡化。心安是幸福的最高境界。

你见过生长在森林中阴暗角落里的蘑菇吗？蘑菇因为得不到阳光和肥料，常常面临着自生自灭的情况，只有长到足够高、足够壮的时候才能被人们关注。虽然它们的生存环境很恶劣，可事实上，在这种困境中它们已经足可以独自面对阳光雨露了。心理学家把这种现象称为"蘑菇效应"。

心理学家认为，"蘑菇效应"对人的成长是一件好事，是羽化成蝶前的一种磨炼，这种磨炼会磨去了人们心理上的浮躁和不切实际的幻想，从而使人们的奋斗更加脚踏实地，更加理性。

左思是我国西晋时著名的辞赋大家，他的旷世名篇《三都赋》用了整整10年的时间才写就。为了把《三都赋》写好，他无论是吃饭也好睡觉也罢，时时刻刻都在构思这篇赋的语言文字、思想内容和艺术境界。为了能够及时地把自己突发的灵感记录下来，他何时何地都不忘带着纸笔，一想到有什么好的句子，就立即记下来。

皇天不负苦心人，十载寒暑过去，左思终于完成了他名动天下、流传千古的《三都赋》。《三都赋》语言华美、文笔流畅，无论是内容还是形式，都取得了极高的艺术成就。文章一经问世，整座洛阳城为之轰动，大家竞相传抄，顿时洛阳城的纸张变得供不应求，纸价暴涨，成语"洛阳纸贵"就是由此而来，此事也成为我国古代文坛一段佳话。

左思用了整整十年才写了一篇足以让他流芳百世的文章，其中的艰辛有几人能够体会？要知道，任何成功者，都是付出了常人无法想象的艰辛，才实现了自己的人生价值。

一个能够在逆境中微笑的人，是注定会成功的。所以当你在困境中感觉到忧郁、失望时，你应当努力适应环境。无论有什么样的遭遇，都不要反复去想你的不幸，要想那些美好的前景，要以最大的努力去振奋精神，让奋斗的激情照耀你前进的路程。

我们有理由相信，我们终究有一天会像在阴暗的环境中潜滋暗长的蘑菇一样，在经历了艰难困苦的磨砺之后，最终出人头地，拥有鲜花和掌声。

"种瓜得瓜、种豆得豆"，这是中国的一句古话，在心理学上同著名的"苏格拉底因果效应"相似。它的具体表述为：今天的

♣

结果是昨天造成的，今天又为明天种下了因。简而言之，就是指生活中的任何一件事，都必然有一个或者多个原因。每个人都生活在因果效应中，大到天体运行，小到一草一木，都是因果效应作用的结果。如果你为成功付出了大量的努力，你就为成功积累了必要的资本。今天播下勤奋的种子，明天就能收获不平凡的结果。

一个年轻人常常抱怨公司领导对自己不公，自己有那么新鲜的创意却得不到领导的赏识。一次次的会议，自己作为普通职员没有参加的机会，而那些高管只是动动嘴便给他的"新鲜创意"判了死刑。

一天，他找到一位老师，讲出了自己的烦恼，老师听后，领他到了海边，随手捡起一块鹅卵石抛了出去，这块鹅卵石落在一堆鹅卵石中。老师问："你能把我刚才扔出去的鹅卵石找出来吗？"年轻人回答："我不能。""那如果我扔下一粒珍珠呢？"老师再问，并别有深意地看向年轻人，年轻人恍然大悟。

如果自己只是一枚平淡无奇的鹅卵石，那就没有权力抱怨自己不被注意，因为你自己种下的是"豆"，又怎能期望得到"瓜"呢？在工作中要想争取自己的权利，必须先付出巨大的努力，做出成绩，这样才能提升自己的价值，成为引人注意的"珍珠"。

有一位高级酒店的保洁员，无论何时总是带着灿烂笑容，她的笑容让人如沐春风，同时，微笑也使得她仪态优雅。一次，她在下班的路上，遇到了一个打听另一家酒店的外国人，她摊开地图，事无巨细地写下路径指示，并带着外国人来到路口，再对着马路比画酒店所处的方向。

在外国人致谢道别之际，她很有礼貌地回应："不客气，祝你顺利地找到酒店。"接着她补充了一句："我相信你一定会很满意那家酒店的服务，因为那儿的保洁员是我的徒弟！""太棒了！"那个外国人笑了起来，"没想到你还有徒弟！"这位保洁员脸上的笑容更灿烂了："是啊，我做这个工作已经15年，我带出了好多新人，而且我敢保证他们都是优秀的保洁员。"

这个外国人非常疑惑，于是他问道："是什么使你对自己的工作保持这样的热忱呢？"这位保洁员笑着说："我的工作给了我生活保障，给了我乐趣，所以我非常感激这份工作。"正是对于工作的感激之情使得这位保洁员以自己的工作为自豪。

心理健康的人对生活会有积极的态度，那么他在得到了一份稳定的工作之后一定会非常高兴，一定会善待这份工作。他们不会抱怨工作劳累，也不会因工作中的烦恼而生气，反而会快乐地体会工作中的乐趣。人生的真正意义，不是在忙碌中抱怨生气，而

第八章 修炼心态成大器

♣

255

是为了在工作中享受生活的乐趣。用工作冲洗烦恼和愤懑是快乐的一条永恒的法则。请相信，努力工作一定会带来成功的快乐，为自己争得荣誉。

人的衰老与否不能单从体力和年龄上来衡量，年龄大只是生理上有所变化，而对生活丧失信心、精神萎靡不振才能算得上是暮气沉沉。快乐可以使人变得年轻，热情的态度和乐观的情绪，会使衰老退却或延迟到来。

美国有位著名的选种专家，名叫卢瑟·伯班克。他在改良作物品种和栽培果树方面做出了很大贡献。伯班克也算是个大器晚成的科学家，当他历尽艰辛取得丰硕成果时，已经年逾七旬了。他曾对人说："人们奇怪为什么我显得这样年轻，我的秘密说来很简单：我的身体和我的精神是一致的，因为我精神上还年轻，所以体力充沛。"

只有对生活失去信心的人，才算衰老。快乐能让人重燃热情之火，将"生命之夏"的炎热保持到"秋天"和"冬天"。所以，如果你认为你已经"老"了，不妨去找快乐，这也许可以改变你的现状，让生活慢慢"活"起来。